设备（资产）运维
精益管理系统（PMS2.0）

国网重庆市电力公司技能培训中心　组编

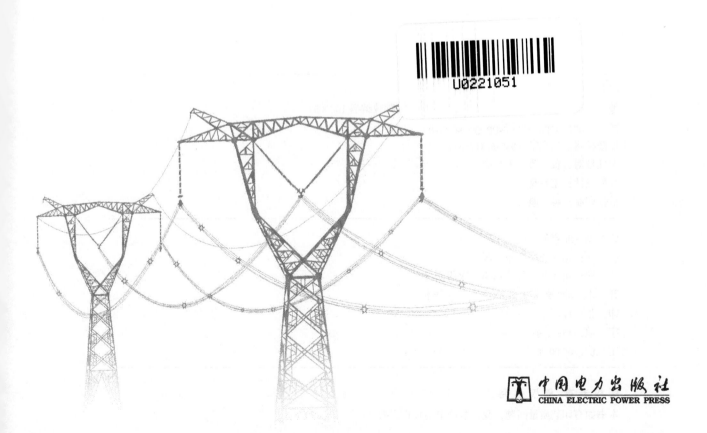

中国电力出版社
CHINA ELECTRIC POWER PRESS

内容提要

PMS2.0 作为运检信息化管控的重要技术手段，在各项工作中发挥着越来越重要的作用，其数据质量和应用深度受到各级管理和技术人员的广泛关注。本书为建设和应用 PMS2.0 的经验总结，对如何通过 PMS2.0 规范管理电网资源数据，以及 PMS2.0 应用过程中常见的权限类、图形类、图形质检、台账类、业务应用类以及跨系统接口类问题进行了解答。

本书可作为电网公司所属省、市、县公司从事数据管理、应用和软件开发相关人员、电力行业数据管理人员以及大数据应用研究人员的参考书。

图书在版编目（CIP）数据

设备（资产）运维精益管理系统（PMS2.0）应用宝典 / 国网重庆市电力公司技能培训中心组编 . — 北京：中国电力出版社，2021.7

ISBN 978-7-5198-5560-4

Ⅰ . ①设… Ⅱ . ①国… Ⅲ . ①电网 – 电力系统运行②电网 – 电气设备 – 维修 Ⅳ . ① TM727

中国版本图书馆 CIP 数据核字 (2021) 第 064840 号

出版发行：中国电力出版社
地　　址：北京市东城区北京站西街 19 号（邮政编码 100005）
网　　址：http://www.cepp.sgcc.com.cn
责任编辑：冯宁宁（010-63412537）
责任校对：黄　蓓　王小鹏
装帧设计：王英磊
责任印制：吴　迪

印　　刷：北京天宇星印刷厂
版　　次：2021 年 7 月第一版
印　　次：2021 年 7 月北京第一次印刷
开　　本：880 毫米 ×1230 毫米　16 开本
印　　张：17
字　　数：433 千字
定　　价：60.00 元

前　言

　　PMS2.0功能全面，为运维检修精益化管理和资产全寿命周期管理提供了基础，在实际应用上，PMS2.0设备基础数据传输给发展、财务、营销、调控等多部门，在电网生产、经营管理、优质服务等方面发挥重要作用。

　　在供电企业日常运行中，电网设备的新投、更换、切改、退役等情况十分频繁，设备的变动导致了系统与现场数据的差异，导致PMS2.0基础数据面临着来自多个层级的专业管理压力。面对逐渐复杂的数据资源，数据质量问题也随之增多，如跨系统数据不对应、录入标准和流程规范等问题，这些问题严重影响了电力信息系统的应用与推广。

　　本书为建设和应用PMS2.0的经验总结，对如何通过PMS2.0规范管理电网资源数据，以及PMS2.0应用过程中常见的权限类、图形类、图形质检、台账类、业务应用类以及跨系统接口类问题进行了解答。

　　限于水平有限，虽然对书稿进行了反复推敲，仍难免有疏漏及不足之处，敬请读者批评指正。

编者

2021 年 1 月

目　录

▶ 第1章

设备台账

1.1 设备新增操作流程

1.1.1 输电设备新增操作流程

1.1.1.1 输电设备铭牌新建流程

1. 在 OMS（电力管理系统）新建铭牌推送至 PMS2.0

操作流程参照 1.1.2.1 中 1.（1）新建变电站。

2. 在 PMS2.0 新建铭牌

步骤1▶ 输电班长 / 班员登录 PMS2.0。

步骤2▶ 根据菜单路径"系统导航—电网资源管理—设备台账管理—主网设备电系铭牌维护"进入"主网设备电系铭牌维护"页面。

步骤3▶ 弹出主网设备电系铭牌维护界面，根据①选择设备类型为"站外设备"，单击②选择线路，再单击③新建铭牌，见图 1-1。

步骤4▶ 弹出新建铭牌框，完善带 * 信息，并完善需要填写的信息，然后单击①确定，见图 1-2。

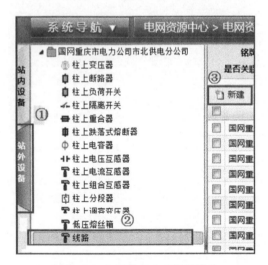

图1-1 主网设备电系铭牌维护

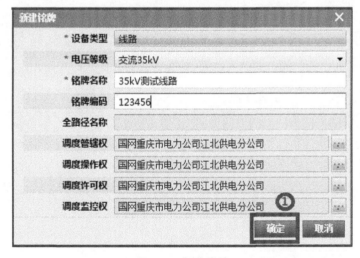

图1-2 新建铭牌

1.1.1.2 设备变更申请单编制

步骤1▶ 输电班长 / 班员登录 PMS2.0。

步骤2▶ 根据菜单路径"系统导航—电网资源中心电网资源管理—设备台账管理—设备变更申请"进入"设备变更申请"页面，根据单击"新增"按钮编制设备变更申请单，见图 1-3。

图 1-3　设备变更申请

步骤3▸ 弹出新建变更申请单，根据①选择申请类型为"设备新增"，勾选"图形变更""台账变更"。其中"工程编号"信息必须填写正确，不能随意填写（涉及与 ERP 接口传送），并完善其余带 * 信息。根据②单击"保存并启动"启动设备变更修改流程，见图 1-4。

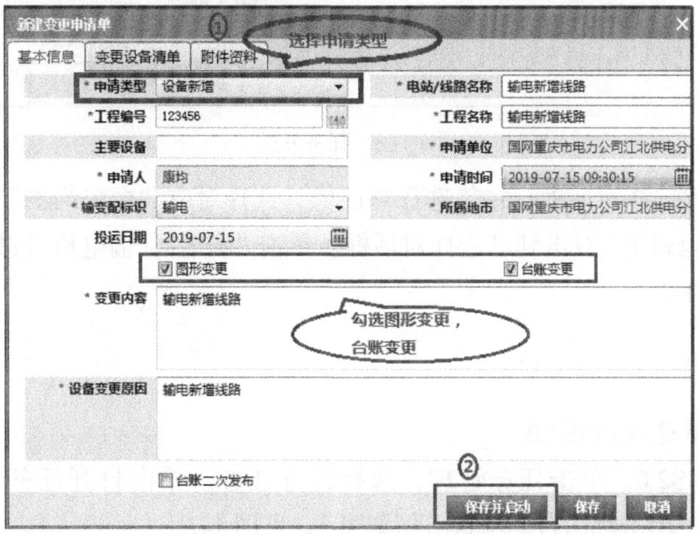

图 1-4　设备变更申请单

步骤4▸ 弹出流程选择对话框，在待选择对话框选择对应变更审核人员（输电班长）双击到已选择对话框，单击"确定"按钮发送输电班长审核。

步骤5▸ 输电班长登录 PMS2.0。

步骤6▸ 进入系统单击左边导航下的待办任务，查找对应任务，在右边任务对话框查找对应任务，单击任务名称进入审核界面，见图 1-5。

图 1-5　待办任务

步骤7▸ 打开任务信息，填写审核意见，单击"发送"按钮，见图 1-6。

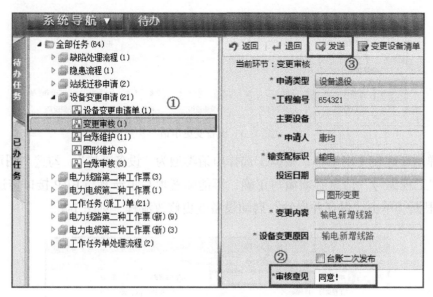

图1-6　任务发送

步骤8 弹出流程选择对话框，在待选择对话框，选择对应"台账维护"人员（输电班员）和"图形维护"人员（输电班员）双击到已选择对话框。单击"确定"，输电班员进行台账和图形新增。

注：发送参照图1-2。

1.1.1.3　图形新增维护流程

步骤1 输电班员登录PMS2.0。

步骤2 进入PMS2.0，单击任务管理，选择待办任务，单击打开任务（有时候任务不出来时，可单击待办任务，单击鼠标右键刷新一下即可），见图1-7。

图1-7　图形任务

步骤3 进入任务之后，点击设备导航树，在导航树中找到新增线路的起点电站，也可以通过快速定位查到起点电站，见图1-8。

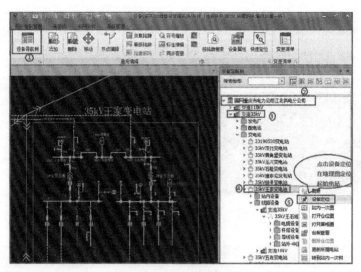

图 1-8　定位线路

步骤4 ▶ 找到新增线路的站内出线间隔后，单击"电网图形管理—添加"，在弹出的工具箱，单击电缆类设备找到站外—超连接线。操作步骤见图 1-9 中的序号。

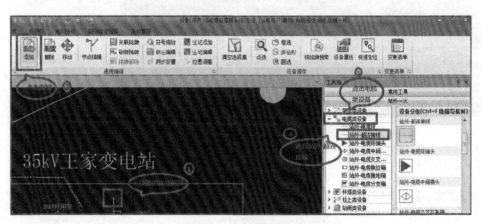

图 1-9　超连接线

步骤5 ▶ 添加站外—超连接线，生成新增线路。操作步骤见图 1-10 ~ 图 1-12 中的序号。

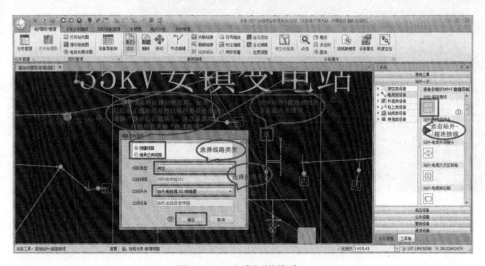

图 1-10　生成新增线路一

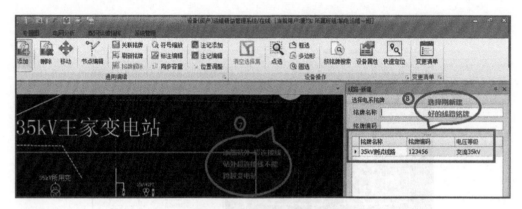

图 1-11　生成新增线路二

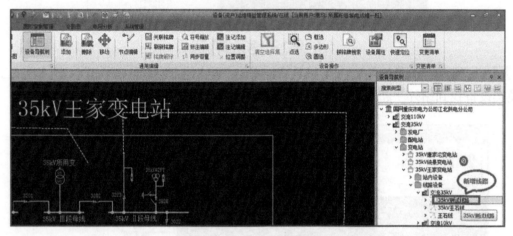

图 1-12　生成新增线路三

步骤6 ► 添加杆塔与导线图形，操作步骤见图 1-13、图 1-14 中的序号。

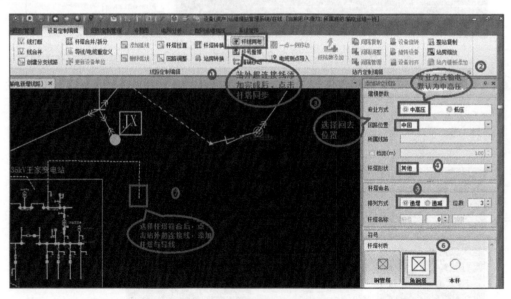

图 1-13　杆塔与导线图形一

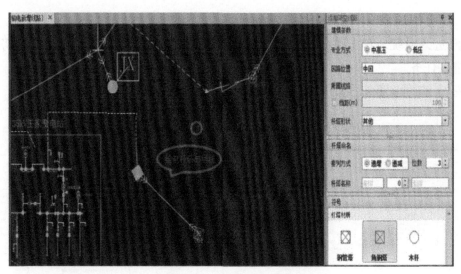

图 1-14　杆塔与导线图形二

步骤 7 ▶ 查看新生成线路。操作步骤见图 1-15 的序号。

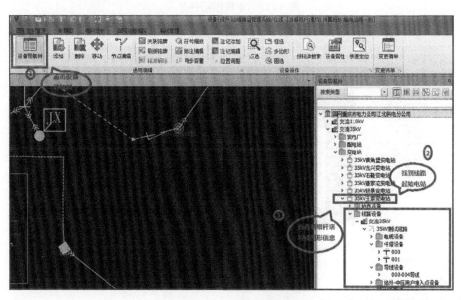

图 1-15　新生成线路

步骤 8 ▶ 输电班员完成线路图形绘制之后，单击任务管理，提交任务。操作步骤见图 1-16 中的序号。

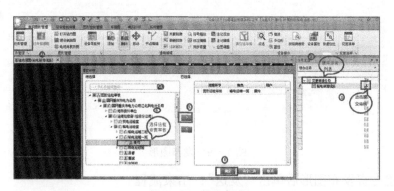

图 1-16　提交任务

步骤9 ▸ 运检专责图形审核人员登录 PMS2.0。

步骤10 ▸ 进入系统，单击待办任务，选择流程类型，查找对应任务，在右边任务对话框查找对应任务，进入任务。

步骤11 ▸ 审核图形任务。操作步骤见图 1-17、图 1-18 中的序号。

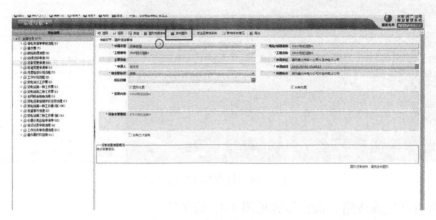

图 1-17　审核图形任务一

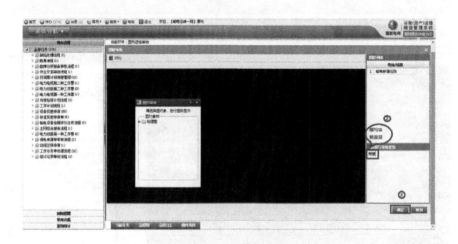

图 1-18　审核图形任务二

步骤12 ▸ 发布图形。见图 1-19。

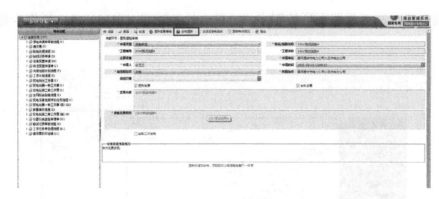

图 1-19　发布图形

步骤13 ▸ 运检专责发布图形后单击"发送"，结束流程。

1.1.1.4　台账新增维护流程

步骤 1▶ 输电班员登录 PMS2.0。

步骤 2▶ 单击待办任务，找到对应的台账维护任务，单击任务名称，进入任务后，单击台账维护，见图 1-20、图 1-21。

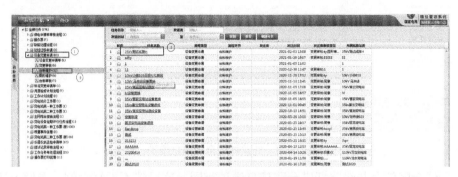

图 1-20　单击任务名称

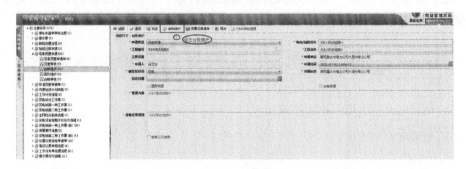

图 1-21　台账维护

步骤 3▶ 进入台账维护界面，单击线路设备，选择对应的线路维护线路台账信息，见图 1-22。

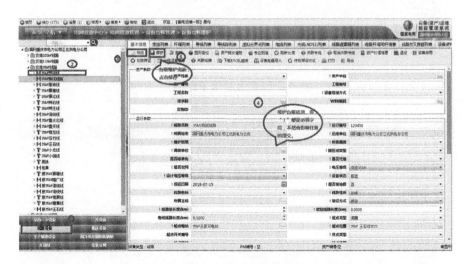

图 1-22　维护线路台账信息

步骤 4▶ 维护线路杆塔、导线台账信息。杆塔、导线的台账维护与线路台账维护相同。维护线路杆塔台账信息见图 1-23。

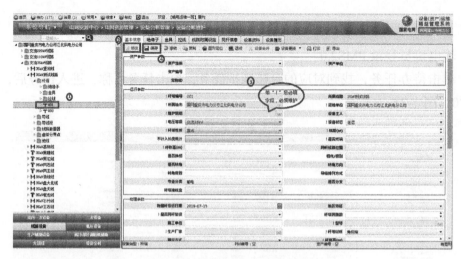

图 1-23   线路杆塔台账信息维护

维护线路导线台账信息与线路杆塔台账信息维护相同，这里就不重复举例，参照上述维护即可。

步骤5 ▶ 创建绝缘子、金具、拉线、线路附属设施台账。这四类设备的台账创建相同，这里以绝缘子为例演示，见图 1-24、图 1-25。

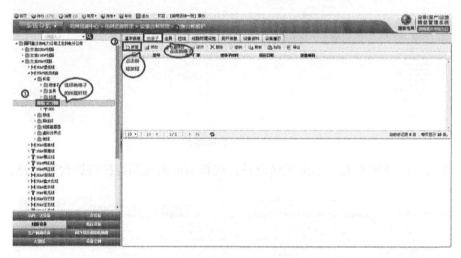

图 1-24   创建绝缘子台账一

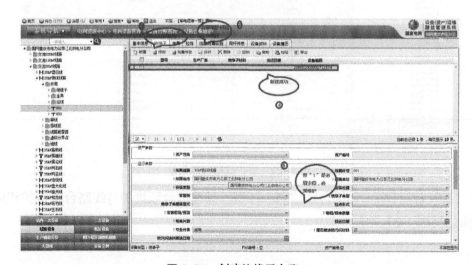

图 1-25   创建绝缘子台账二

步骤6 ▶ 将绝缘子复制到其他杆塔。选择已有绝缘子的杆塔，单击复制按钮，见图 1-26。

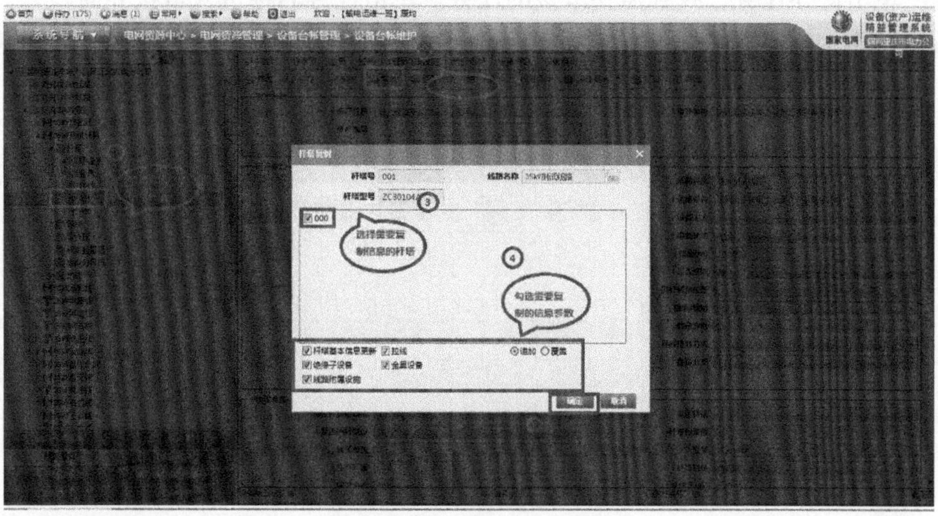

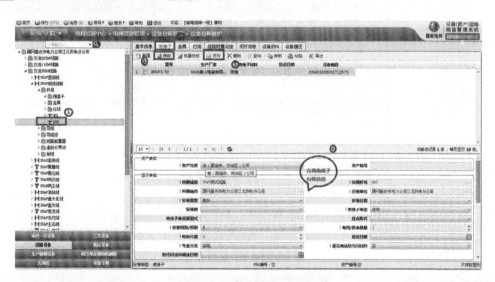

图 1-26　复制绝缘子台账

步骤7 ▶ 完善复制的绝缘子台账信息，见图 1-27。

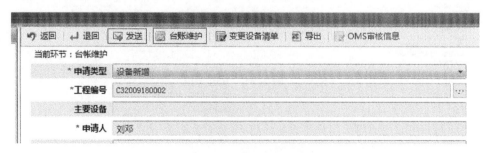

图 1-27　完善复制的绝缘子台账

步骤8 ▶ 线路所有台账信息维护完成，回到 PMS2.0 找到待办任务，进入任务，点击发送，发给相关人员审核，见图 1-28。

图 1-28　发送台账维护

步骤9 ▶ 运检专责台账审核人员登录 PMS2.0。

步骤10 ▶ 单击待办任务，找到需要审核的任务。单击任务名称进入审核界面。

步骤11 ▶ 单击"设备台账变更审核"（见图 1-29），填写审核意见，单击确认（见图 1-30），单击"发送"（见图 1-31），单击确定，双击待选择"结束"，并结束流程。

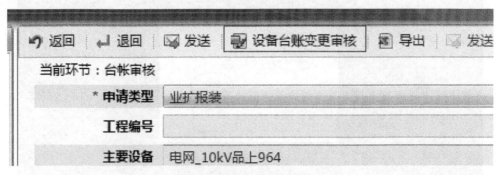

图 1-29　设备台账变更审核

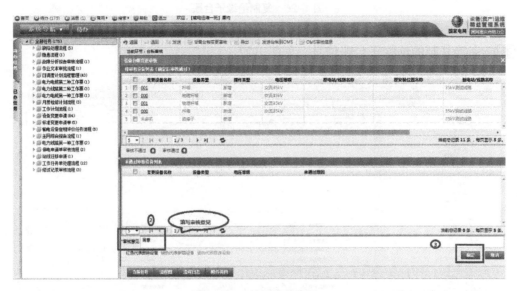

图 1-30　填写审核意见

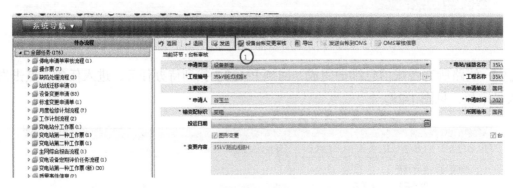

图 1-31　发送

1.1.2 变电设备新增操作流程

1.1.2.1 变电设备铭牌新建流程

1. 在 OMS 新建铭牌推送至 PMS2.0

（1）新建变电站。

步骤1 ▶ 地县调管理员 / 管理专责登录 OMS2.0。

步骤2 ▶ 在系统菜单栏里选择"基础信息—设备台账——次设备台账"进入该页面，见图 1-32。

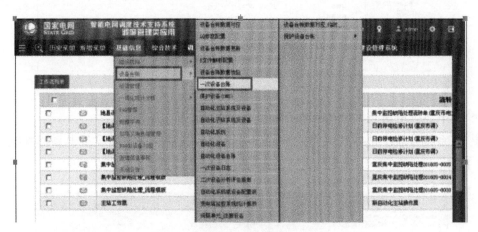

图 1-32 铭牌维护

步骤3 ▶ 在一次设备台账维护页面根据图 1-33、图 1-34 所示按①、②、③操作顺序进行操作。

注：带！为必填字段。如果需要修改铭牌名称，只需要在左边导航树中选择变电站，然后在右边详细信息栏修改铭牌名称后单击"保存"按钮，再单击"单个铭牌发起"按钮，将修改后的铭牌信息发送至 PMS2.0 中即可。

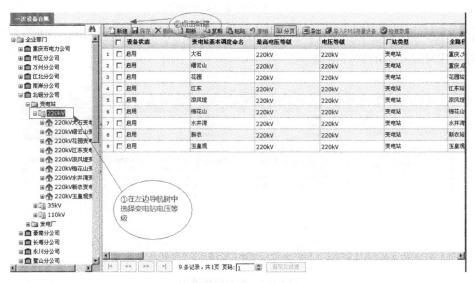

图 1-33 新建铭牌维护

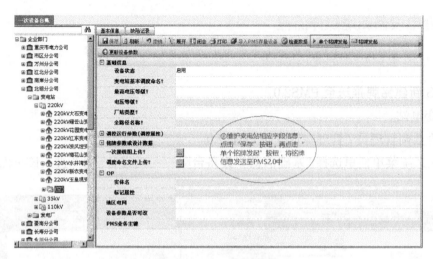

图 1-34 发送铭牌信息

步骤4 ▶ 变电运维班班长 / 变电运维班班员登录 PMS2.0。

步骤5 ▶ 在系统导航中选择"电网资源管理—设备台账管理—主网设备电系铭牌维护"进入该页面，见图 1-35。

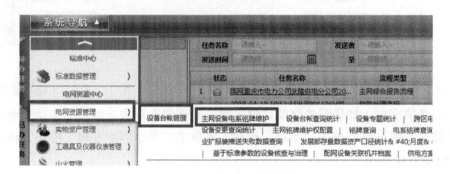

图 1-35 主网设备电系铭牌维护

步骤6 ▶ 在主网设备电系铭牌维护界面根据图 1-36 所示按①、②操作顺序进行操作，查看从 OMS2.0 发送至 PMS2.0 中的铭牌信息。

图 1-36 查看铭牌维护

（2）新建间隔单元。上述操作中 OMS 间隔单元铭牌新建位置见图 1-37。

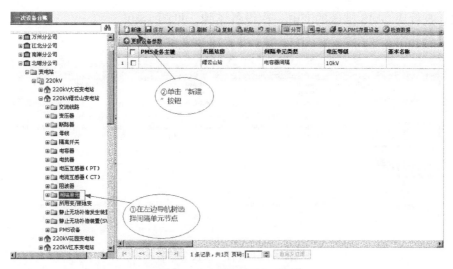

图 1-37　新建间隔单元铭牌

在 PMS2.0 查看从 OMS 推送的间隔单元铭牌，见图 1-38。

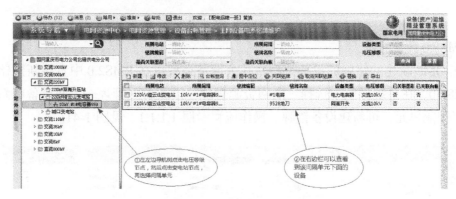

图 1-38　查看间隔单元铭牌

（3）新建变电一次设备。

操作见 1.1.2.1 中 1.（1）。OMS 变电一次设备铭牌新建位置见图 1-39。

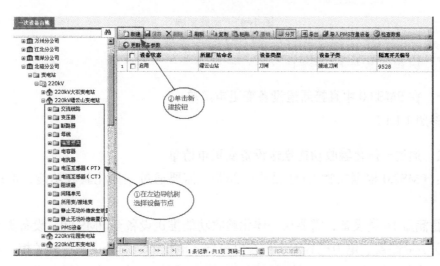

图 1-39　新建变电一次设备铭牌

在 PMS2.0 查看从 OMS 推送的变电一次设备铭牌，见图 1-40。

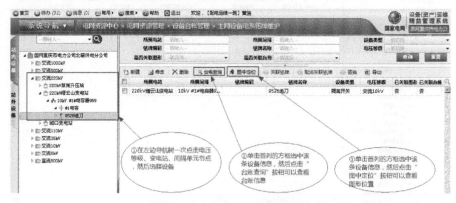

图 1-40　查看一次设备铭牌

注：变电站、间隔单元、主变压器、阻波器、电流互感器、断路器、母线、电抗器、电力电容器、隔离开关、电压互感器、站用变压器、接地变压器等由 OMS 新建铭牌的设备类型，均可参考本书。

2. 在 PMS2.0 新建铭牌

除了需在 OMS 新建的铭牌的设备类型，其余设备类型可在 PMS2.0 中直接新建铭牌，操作路径：登录 PMS2.0，在系统导航中选择"电网资源管理—设备台账管理—主网设备电系铭牌维护"进入页面选择间隔单元，可新建设备铭牌。操作流程参照 1.1.1.1，见图 1-41。

图 1-41　新建铭牌

1.1.2.2　设备变更申请单编制

1. 方法一：在 PMS2.0 中直接新建设备变更申请单

操作流程参照 1.1.1.2。

2. 方法二：通过一体化验收功能推送设备变更申请单

业务说明：PMS2.0 根据实物 ID 建设统一部署，需要通过一体化验收功能，推送设备台账至 PMS2.0。

配电专业暂涵盖 14 类设备，需要从一体化验收功能推送设备至 PMS2.0，设备类型分别是主变压器、隔离开关、断路器、电力电容器、耦合电容器、电抗器、组合电器、开关柜、避雷器、电流互感器、电压互感器、接地变压器、消弧线圈、站用变压器。后续会扩充设备类型。

其余设备类型可通过上述方法一，在 PMS2.0 中新建设备变更申请单，新建设备。

（1）App 登录。

步骤 1 进入手机桌面，登录 VPN。

步骤 2 成功登录 MIP 后，打开移动运检 App。

步骤 3 通过移动商店登录移动运检，见图 1-42。

（2）PMS2.0 设备关联物料。

步骤 1 进入一体化验收页面，见图 1-43。

图 1-42　移动运检

图 1-43　一体化验收页面

步骤 2 单击"设备投运验收"，进入盘点"待验收"任务界面，见图 1-44。

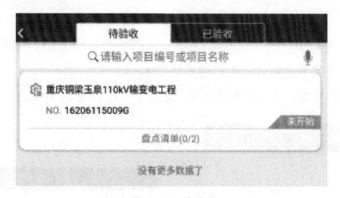

图 1-44　待验收

注：

1）待验收界面显示的是根据工程编号为维度的项目盘点任务；

2）系统功能提供根据验收进度显示为"未开始""进行中""已完成"；

3）系统功能提供根据验收情况显示待验收盘点数据总计与已盘点数据总计，以图 1-44 为例，表示该工程待验收盘点数据总计 2 条、已盘点 0 条。

步骤 3 单击"待验收"工程项目，开展现场盘点操作，见图 1-45。

图 1-45　现场盘点

步骤4▶ 单击"关联材料（0）"，单击"+"，勾选需要关联的物料，单击"领用数量"，选择需要关联的物料数量，见图 1-46、图 1-47。

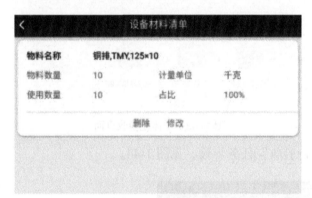

图 1-46　设备材料清单

图 1-47　勾选需要关联的物料

步骤5▶ 确定后，母线关联完成的物料清单见图 1-48。

步骤6▶ 返回未匹配页面，关联材料由"0"变成了"1"，见图 1-49。

图 1-48　母线关联完成的物料清单

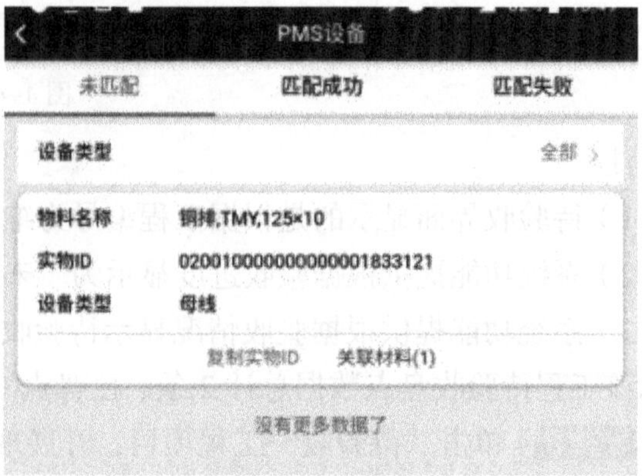

图 1-49　未匹配

（3）PMS2.0 设备创建台账。

步骤 1 ▶ 现场扫码核对，系统功能提供了三种方法如下：

方法一：单击右下角"RFID 扫描"，见图 1-50。

图 1-50　RFID 扫描

方法二：单击右下角"二维码扫描"，将二维码放入感应框中，见图 1-51。

图 1-51　二维码扫描

方法三：选择需要核对确认的设备，单击"复制实物 ID"按钮，然后单击右下角二维码扫描—手动识别，将复制的实物 ID 编码粘贴至文本框中，点击"确定"，见图 1-52。

图 1-52　手动识别

步骤2 根据现场实际情况选择匹配结果，如果匹配失败需要维护失败原因，然后单击"确定"；如果匹配成功，需单击"关联铭牌"，在铭牌选择弹出对话框中选择正确的铭牌信息，见图1-53。

步骤3 在铭牌选择弹出对话框中选择正确的铭牌信息，见图1-54。

图 1-53 关联铭牌　　　　　　　　　　　　　　图 1-54 铭牌选择

步骤4 现场扫码匹配成功，且关联了铭牌信息后，点击"确定"，见图1-55。

图 1-55 铭牌信息确定

步骤5 按照现场实际情况选择"继续维护"或者"暂不维护"，单击"暂不维护"表示设备已匹配，设备信息参数维护将在PMS2.0主站系统操作；单击"继续维护"，弹出"设备维护"模块，可查看此设备所关联的"项目概览"、工程数据录入的"试验报告"、设备出厂维护的设备"物理参数"以及"运行参数"信息，以下操作以"继续维护"为例讲解，见图1-56。

步骤6 ▶ 单击"修改",系统功能提供按照型号、生产厂家提取 PMS2.0 主站相同参数录入填充功能,帮助快速填充数据,然后单击"保存",见图 1-57。

注:若该设备供应商提供物资参数信息,这里物理参数将自动获取。

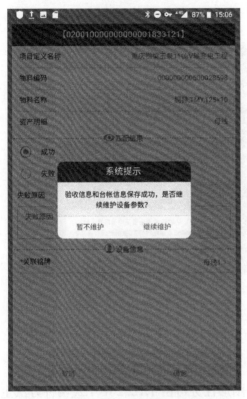

图 1-56　继续维护

图 1-57　一体化验收

步骤7 ▶ 点击"设备资料",可上传现场拍照照片,见图 1-58。

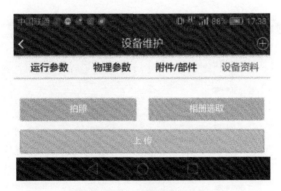

图 1-58　上传现场拍照照片

(4)盘点完成,四方签字验收。

步骤1 ▶ 单击"四方签字",弹出图 1-59 所示界面,完成"四方签字",单击"验收完成"。

步骤2 ▶ 验收完成后,设备将会同步至 PMS2.0 自动生成设备变更申请单,见图 1-60。

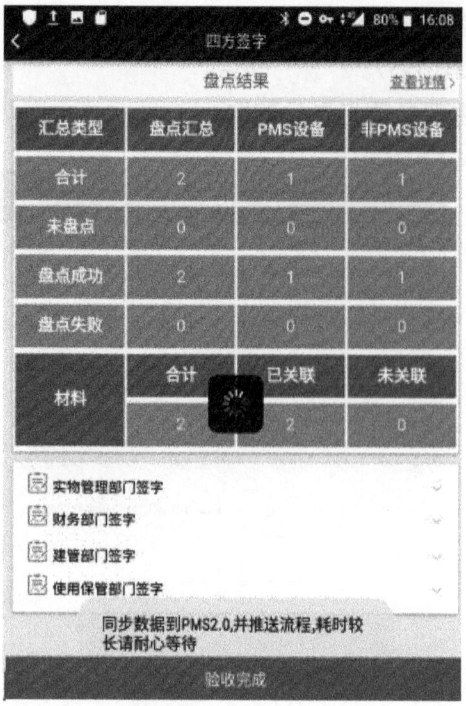

图 1-59 四方签字

图 1-60 验收完成

1.1.2.3 图形新增维护流程

步骤1 ▸ 变电设备台账维护人员登录 PMS2.0。

步骤2 ▸ 在"待办任务"中单击打开图形任务（图形任务可由 1.1.2.2 中 1.2. 两种方法生成）。

注：需先将图形流程发布后才能做"台账维护"流程。

步骤3 ▸ 单击打开该"图形维护"流程，并进入 PMS2.0，见图 1-61。

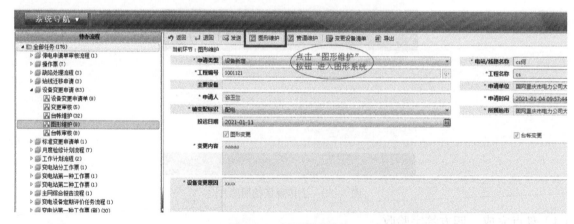

图 1-61 打开图形维护

步骤4 ▸ 用户名、密码已自动输入，单击"登录"按钮登录图形系统。

步骤5 ▸ 进入图形系统后根据图 1-62 中 1、2 操作步骤操作。

图 1-62　进入图形维护

步骤6 ▶ 打开该任务图页面，按图 1-63 所示图形维护所示操作步骤操作。

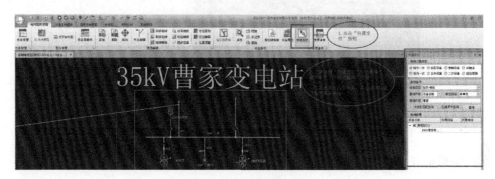

图 1-63　打开图形维护

步骤7 ▶ 在定位到该变电站后单击"打开站内图"按钮，见图 1-64。

图 1-64　打开站内图

步骤8 ▶ 进入该变电站站内图后根据图 1-65 图形维护所示 1、2 步骤操作。

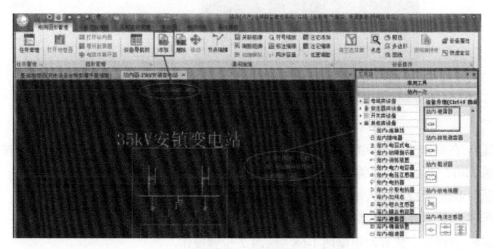

图 1-65　图形维护

步骤9 ▸ 根据图 1-66 所示操作新建图形。

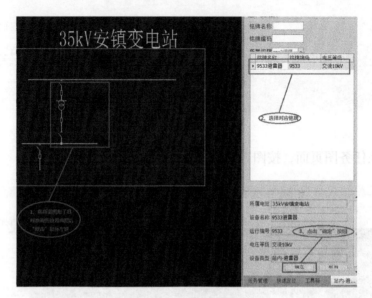

图 1-66　新建图形维护

步骤10 ▸ 图形画好后根据图 1-67 所示提交审核流程。

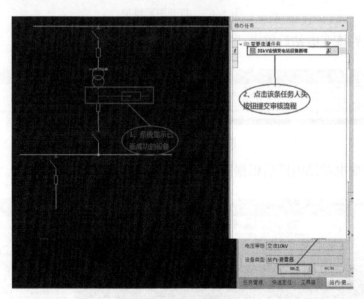

图 1-67　提交审核流程

步骤11 ▸ 在弹出的"提交审核"对话框中选择图形运检审核人员，单击"确定"按钮，系统提示"发送成功"以及"即将关闭任务并切换至基板任务"提示框，单击"确定"即可。

步骤12 ▸ 图形运检审核人员登录 PMS2.0。

步骤13 ▸ 在待办任务中找到该条任务，单击打开。

步骤14 ▸ 在图形审核界面根据图 1-68 所示 1.2 步骤操作。

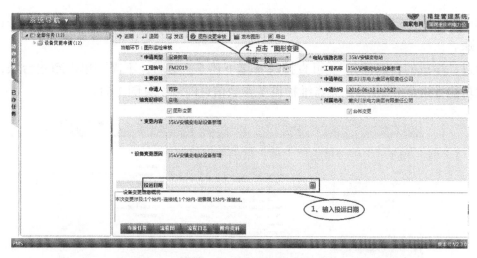

图 1-68 图形审核界面

步骤 15 输入审核意见，单击"确定"按钮，系统提示"保存成功"。

步骤 16 回到流程审核界面，先单击"发布图形"，再单击"发送"按钮，见图 1-69。
注：必须先发布图形，流程才能结束。

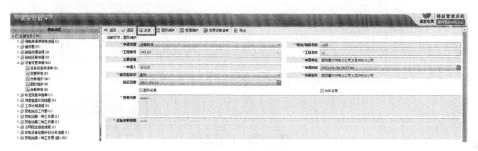

图 1-69 发布图形

步骤 17 选择"结束"，点击"确定"。

1.1.2.4 台账新增维护流程

步骤 1 运行台账维护人员登录 PMS2.0。

步骤 2 在"待办任务"中点击打开台账任务（台账任务可由 1.1.2.2 中两种方法生成）。

步骤 3 单击"台账维护"按钮，见图 1-70。

图 1-70 单击"台账维护"按钮

步骤4 选择间隔"右击"，选择"直接新建"按钮创建台账，也可单击右边"铭牌创建台账"按钮新建台账。

注：通过"生成的台账任务"（可直接跳转至下述 **步骤6**），不需要单击新建台账，设备台账是由一体化功能推送至 PMS2.0，只需维护设备参数信息即可，见图 1-71。

图 1-71　台账维护

步骤5 选择相应设备类型、设备名称、相数、相别等信息，单击"确定"按钮，见图 1-72。

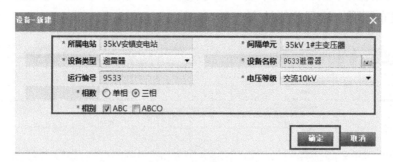

图 1-72　信息选择

步骤6 根据图 1-73 所示字段信息，关闭设备台账维护对话框。

注：带！号字段为必填字段。

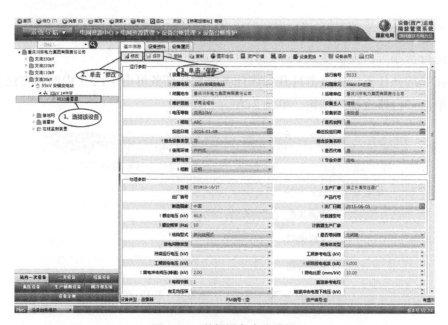

图 1-73　关闭设备台账维护

步骤7 ▶ 回到流程审核界面根据图 1-74 所示操作。

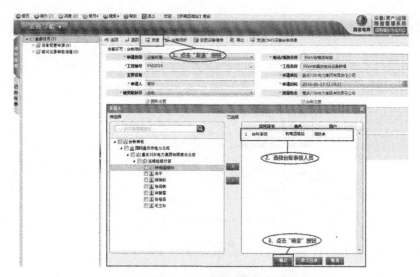

图 1-74　台账维护确定

步骤8 ▶ 台账审核人员登录 PMS2.0。

步骤9 ▶ 在"待办任务"中选择该流程打开。

步骤10 ▶ 单击"设备台账变更审核"按钮，见图 1-75。

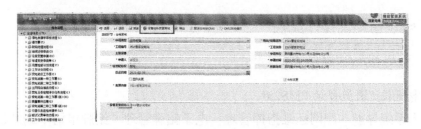

图 1-75　设备台账变更审核

步骤11 ▶ 在"设备台账变更审核"对话框中输入审核意见，单击"确定"，见图 1-76。

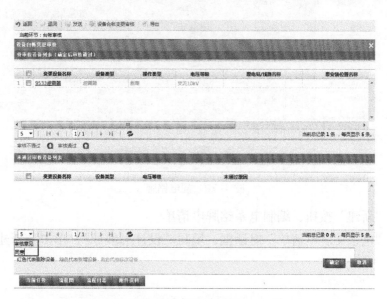

图 1-76　输入审核意见

步骤12 ▸ 根据图 1-77 所示操作发送设备台账。

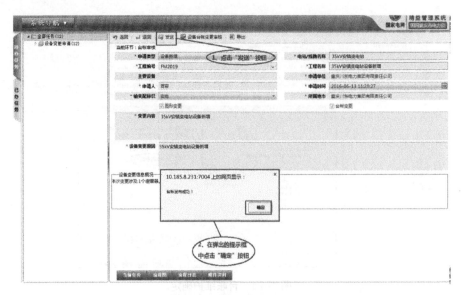

图 1-77　发送设备台账

步骤13 ▸ 在弹出的"参数同步"对话框中单击"关闭"。

步骤14 ▸ 在弹出的"发送人"对话框中选择"结束"，单击"确定"，系统提示"发送成功"。

1.1.3　配电设备新增操作流程

1.1.3.1　配电设备铭牌新增流程

步骤1 ▸ 配电班长 / 班员登录 PMS2.0。

步骤2 ▸ 进入系统导航—配网运维指挥管理—电系铭牌管理—铭牌申请单编制，见图 1-78。

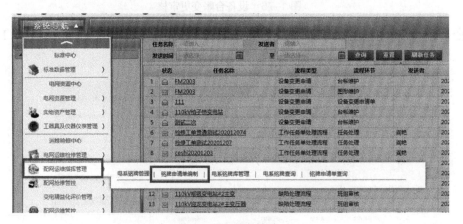

图 1-78　配电铭牌

步骤3 ▸ 单击"新建"按钮，编制电系铭牌申请单。

步骤4 ▸ 弹出"电系铭牌申请单"对话框，填写"设计书编号"，单击"新建"，见图 1-79。

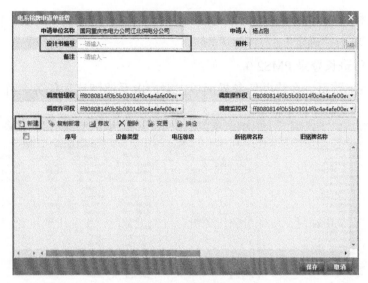

图 1-79　新建配电铭牌

步骤 5 ▶ 弹出"申请单明细新建"对话框。根据 1 选择设备类型，根据 2 输入铭牌名称、铭牌编码、对应设备电压等级，完善带"*"字段后，单击"保存"按钮。该新增明细加入到申请单中，按照相同流程做其他铭牌新增，见图 1-80。

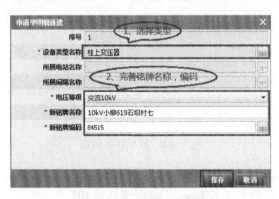

图 1-80　申请单明细新建

步骤 6 ▶ 完成铭牌明细新增后，单击申请单"保存"按钮。

步骤 7 ▶ 勾选铭牌申请单，单击"启动流程"按钮，确认任务单发送，见图 1-81。

图 1-81　任务单发送

步骤8 弹出流程发送对话框，勾选配电运行班长，通过" > "按钮，将"配电运行班长"选择到已选择框里，单击"确定"。

步骤9 配电运行班长登录 PMS2.0。

步骤10 进入系统首页，在待办任务界面单击对应电系铭牌流程任务名称，见图 1-82。

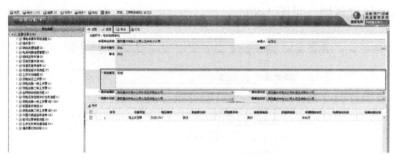

图 1-82　配电铭牌

步骤11 打开电系铭牌审核任务信息，进行变更申请单审核，填写审核意见，单击"发送"，见图 1-83。

图 1-83　审核任务信息

步骤12 弹出流程发送对话框，勾选运检专责审核，通过" > "按钮，将运检专责选择到已选择框里，单击"确定"按钮，系统提示"流程流转成功"。

步骤13 运检专责审核人员登录 PMS2.0。

步骤14 进入系统首页，在待办任务界面单击对应电系铭牌流程任务名称。

步骤15 弹出电系铭牌执行对话框，单击"全部执行"，弹出确认框，点击"确定"，见图1-84。

图 1-84　配电铭牌确认

步骤16 ▶ 弹出流程对话框，将"结束"选择到已选择框里，点击"确定"，系统提示"流程流转成功"，铭牌新增流程结束。

1.1.3.2　设备变更申请单编制

1. 方法一：在 PMS2.0 中直接新建设备变更申请单

操作流程参照 1.1.1.2。

2. 方法二：通过一体化验收功能推送设备变更申请单

业务说明：PMS2.0 根据实物 ID 建设统一部署，需要通过一体化验收功能，推送设备台账至PMS2.0。

配电专业暂涵盖 6 类设备，需要从一体化验收功能推送设备至 PMS2.0，设备类型分别是配电变压器、柱上变压器、箱式变电站、环网柜、柱上负荷开关、柱上断路器。后续会扩充设备类型。

其余设备类型可通过 1. 方法一，在 PMS2.0 中新建设备变更申请单新建设备。

操作流程参照 1.1.2.2 中 2。

1.1.3.3　图形新增维护流程

步骤1 ▶ 配电班员登录 PMS2.0。

步骤2 ▶ 在"待办任务"中单击打开图形任务。（图形任务可由 1.1.3.2 中两种方法生成）

注：需先将图形流程发布后才能做"台账维护"流程。

步骤3 ▶ 打开图形维护任务对话框，单击"图形维护"进入 PMS2.0，见图 1-85。

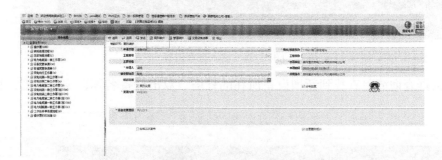

图 1-85　配电图形维护

步骤4 ▶ 打开 PMS2.0，进入"电网图形管理—任务管理"，单击"任务管理"，打开待办任务，见图 1-86。

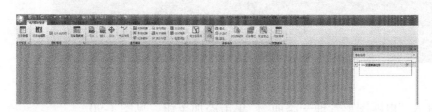

图 1-86　打开待办任务

步骤5 单击变更申请任务左边"✓️"按钮查找对应任务，单击任务后"▤"按钮，打开任务修改图形信息，见图1-87。

图1-87　修改图形信息

步骤6 打开任务地理图修改图形信息。

步骤7 进入"电网图形管理—快速定位"。打开查找对象类型导航，选择设备类型，查询字段、单位级别，输入查询内容，见图1-88。

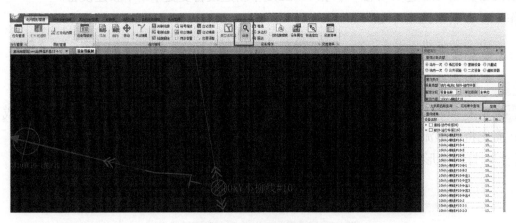

图1-88　输入查询内容

步骤8 根据查询清单查找到新增设备所在的杆塔，双击设备名称，定位图形，见图1-89。

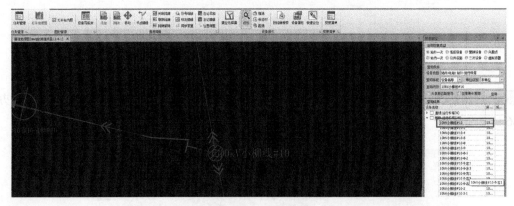

图1-89　定位图形

步骤9 进入"电网图形管理—添加"，单击添加按钮，见图1-90。

步骤10 弹出工具箱，选择站外—连接线，见图1-91。

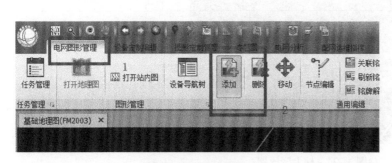

图 1-90　添加图形

图 1-91　站外—连接线

步骤 11 从柱上隔离开关端点位置单击拉动鼠标生成一条站外连接线，拉动至连接线终点位置，双击鼠标结束，见图 1-92、图 1-93。

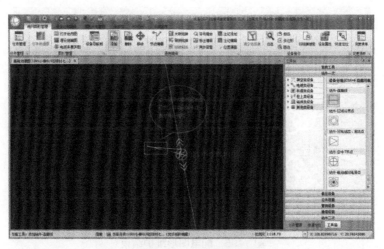

图 1-92　站外连接线

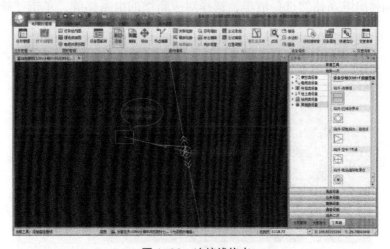

图 1-93　连接线终点

步骤12▶ 进入"电网图形管理—添加"，单击添加按钮，弹出工具箱，展开柱上类设备，选择柱上变压器，见图1-94。

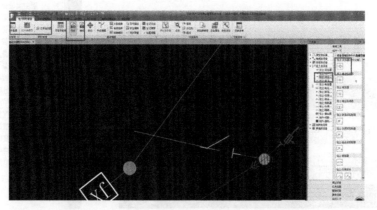

图1-94　柱上变压器

步骤13▶ 从新建的站外连接线终点位置单击，拉动生成的柱上变压器至终点位置，双击鼠标结束，见图1-95。

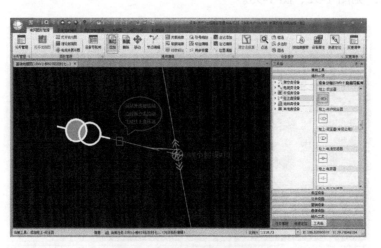

图1-95　配电图形维护结束

步骤14▶ 右侧弹出电系铭牌选择清单，选择对应新增的电系铭牌，单击"确定"，见图1-96。

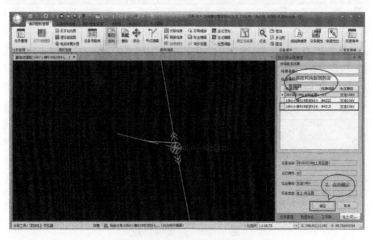

图1-96　新增的电系铭牌

步骤 15 ▸ 图形上生成新的柱上变压器，设备名称与关联的铭牌名称一致，见图 1-97。

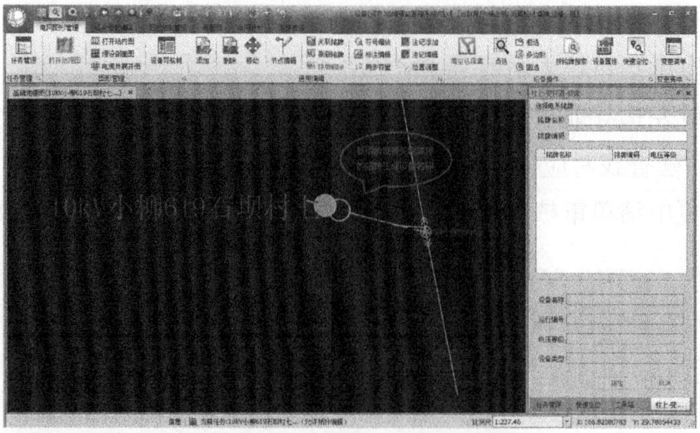

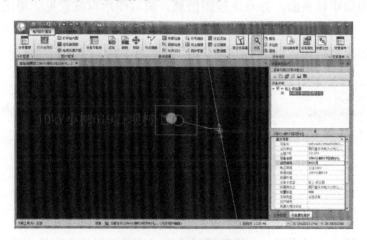

图 1-97　生成新的柱上变压器

步骤 16 ▸ 进入"电网图形管理—点选"，单击新增的柱上变压器图形，确定选择，单击"设备属性"，在右侧展示该设备的基本图形参数，见图 1-98。

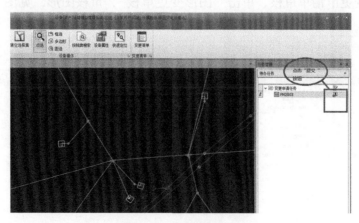

图 1-98　基本图形参数

步骤 17 ▸ 在基本信息栏中修改设备信息，单击🔲按钮保存信息。

步骤 18 ▸ 确定图形新增完成后，进入"电网图形管理—任务管理—待办任务"，单击"提交任务"按钮，提交图形任务，见图 1-99。

图 1-99　提交图形任务

步骤19 ▶ 弹出流程对话框，在待选择列选择对应人员（运检专责审核），双击到与选择列，单击"确定"，提交任务。

步骤20 ▶ 运检专责图形审核人员登录PMS2.0。

步骤21 ▶ 进入系统左边导航树"待办任务—全部任务—设备变更申请"，查找推送过来的对应任务，在右边任务对话框查找对应任务，单击任务名称。

步骤22 ▶ 进行变更申请单审核，单击"图形变更审核"，审核图形，见图1-100。

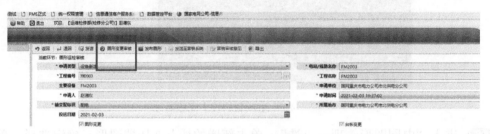

图 1-100　图形变更审核

步骤23 ▶ 进入图形审核页面，查看地理图信息，填写图形审核意见，单击"确定"，保存审核意见。

步骤24 ▶ 图形运检审核完成后，单击"发送"，见图1-101。

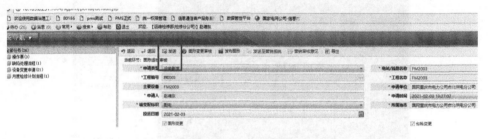

图 1-101　发送图形

步骤25 ▶ 弹出流程选择对话框，在待选择对话框，选择图形运方审核人员，单击"确定"。

步骤26 ▶ 图形运方审核人员登录PMS2.0。

步骤27 ▶ 进入系统左边导航树"待办任务—全部任务—设备变更申请"，查找对应任务，在右边任务对话框查找对应任务，单击任务名称。

步骤28 ▶ 进行变更申请单审核，单击"图形变更审核"，审核图形，见图1-102。

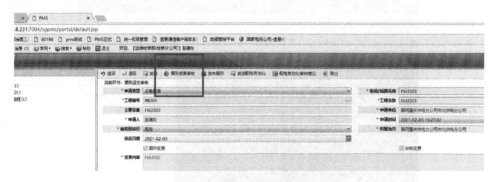

图 1-102　审核图形

步骤29 进入图形审核页面，查看地理图信息，填写图形审核意见，单击"确定"，保存审核意见。

步骤30 图形运方审核完成后，单击"发送"，见图 1-103。

图 1-103 配电图形维护

步骤31 弹出流程选择对话框，在待选择对话框，选择图形调度审核人员，单击"确定"。

步骤32 图形调度审核人员登录 PMS2.0。

步骤33 进入系统左边导航树"待办任务—全部任务—设备变更申请"，查找对应任务，在右边任务对话框查找对应任务，单击任务名称。

步骤34 进行变更申请单审核，单击"图形变更审核"，审核图形，见图 1-104。

图 1-104 配电图形变更审核

步骤35 进入图形审核页面，查看地理图信息，填写图形审核意见，单击"确定"，保存审核意见。

步骤36 图形调度审核完成后，单击"发布图形"，系统将会提示"任务已添加发布列队，请稍后……"，见图 1-105。

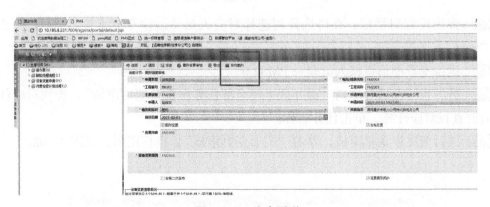

图 1-105 发布图形

步骤 37 ▶ 图形发布完成后，单击"发送"，见图 1-106。

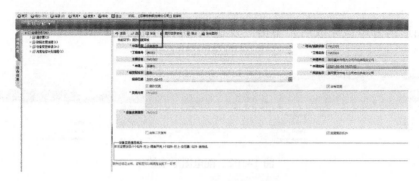

图 1-106 配电图形发送

步骤 38 ▶ 弹出流程选择对话框，在待选择对话框，选择图形维护人员，单击"确定"。

步骤 39 ▶ 图形维护人员登录设备（资产）运维精益管理系统，再次打开对应的任务，并提交任务，见图 1-107。

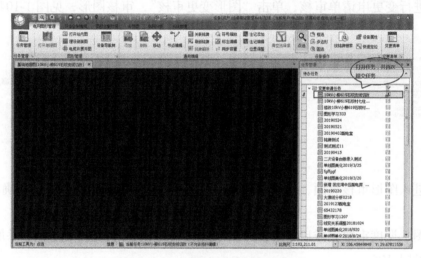

图 1-107 打开配电图形变更审核

步骤 40 ▶ 弹出流程对话框，在待选择列选择对应人员（运检专责审核），双击人员到与选择列，单击"确定"，提交任务。

步骤 41 ▶ 运检专责图形审核人员登录 PMS2.0。

步骤 42 ▶ 进入系统左边导航树"待办任务—全部任务—设备变更申请"，查找对应任务，在右边任务对话框查找对应任务，单击任务名称。

步骤 43 ▶ 进行变更申请单审核，单击"图形变更审核"，审核图形，见图 1-108。

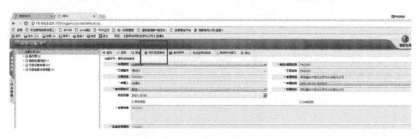

图 1-108 审核图形

步骤 44 ▶ 进入图形审核页面，查看地理图信息，填写图形审核意见，单击"确定"，保存审核意见。

步骤 45 ▶ 图形运检审核完成后，单击"发布图形"按钮，进行二次发布，系统将会提示"任务已添加发布列队，请稍后……"。

步骤 46 ▶ 图形运检审核完成后，单击"发送"。

步骤 47 ▶ 弹出流程对话框，在待选择列选择"结束"，单击"确定"，结束图形流程。

1.1.3.4　台账新增维护流程

步骤 1 ▶ 图形发布后，需配电班员登录 PMS2.0 修改完善台账信息。

步骤 2 ▶ 在"待办任务"中单击打开台账任务（台账任务可由 1.1.3.2 中两种方法生成）。

步骤 3 ▶ 进入对应任务对话框，单击"台账维护"按钮，见图 1-109。

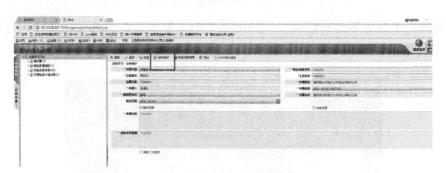

图 1-109　配电台账维护

步骤 4 ▶ 进入设备台账维护界面，在设备导航树选择对应设备类型，见图 1-110。

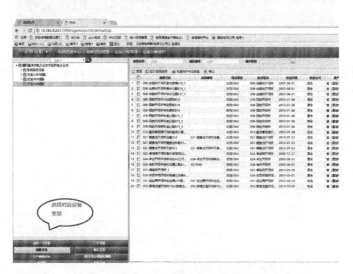

图 1-110　进入配电台账维护界面

步骤 5 ▶ 单击右边导航树"⊡"按钮，查找新增设备所在线路／电站的设备分类，单击"新建"按钮。

注：通过 1.1.3.2 中 2. 生成的台账任务可直接跳转至 1.1.3.2，不需要单击新建台账，设备台账是由一体化功能推送至 PMS2.0，只需维护设备参数信息即可，见图 1-111。

图 1-111　维护设备参数信息

步骤6▶ 弹出柱上设备新建对话框，选择设备类型，根据设备名称按钮选择对应铭牌生成设备名称，选择柱上设备所属杆塔，单击"确定"，新建设备信息，见图 1-112。

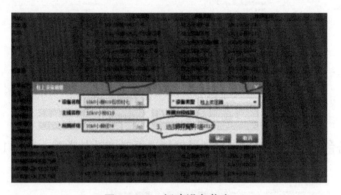

图 1-112　新建设备信息

步骤7▶ 在设备树选择新生成的设备，单击"修改"，修改台账信息，台账信息修改完成后，单击"保存"，保存台账信息，关闭台账维护页面，见图 1-113。

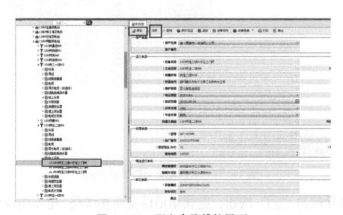

图 1-113　配电台账维护界面

步骤8▶ 台账信息修改完成后，单击"保存"，保存台账信息，关闭台账维护页面。

步骤9▶ 返回待办任务信息，单击"发送"按钮，弹出流程对话框，选择对应人员（运检专责审核），双击选择人员到已选择列，单击"确定"，发送专责审核。

步骤 10▶ 运检专责审核人员登录 PMS2.0。

步骤 11▶ 进入系统左边导航树"待办任务—设备变更申请",查找对应任务,在右边任务对话框查找对应任务,单击任务名称。

步骤 12▶ 进行变更申请单审核,单击"设备台账变更审核",审核台账信息,见图 1-114。

图 1-114　设备台账变更审核

步骤 13▶ 在设备台账变更审核页面,查看台账信息,填写审核意见,单击"确定"按钮,保存审核意见,见图 1-115。

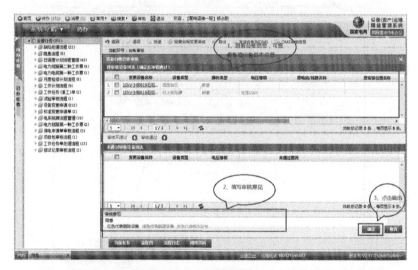

图 1-115　填写审核意见

步骤 14▶ 返回设备审核任务页面,点击"发送",设备打包同步 ERP 系统,无同步设备点击"关闭",结束流程。

步骤 15▶ 弹出流程结束框,选择"结束",单击"确定"。

1.2　设备资产同步操作流程

资产同步说明:输电、变电、配电新增设备流程完成以后,需要将设备进行实物资产同步。

注:由于输电、变电、配电三个专业操作步骤一致,所以就不分专业依次介绍。

1.2.1　PMS2.0 设备资产同步操作流程

步骤 1▶ 运行台账维护人员登录 PMS2.0。

步骤 2▶ 根据图 1-116 所示操作路径进入"设备资产同步"页面。

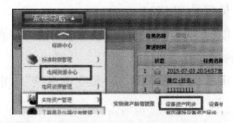

图 1-116 设备资产同步

步骤3 ▶ 根据图 1-117 所示操作。

图 1-117 设备资产同步操作

步骤4 ▶ 根据图 1-118 所示操作。

图 1-118 设备资产同步查询

步骤5 ▶ 在弹出的"确认同步"对话框中点击"确定"，见图 1-119。

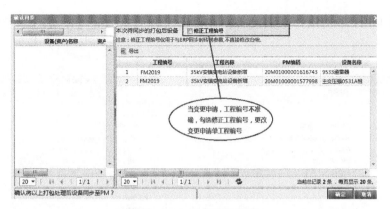

图 1-119 设备资产同步

步骤6 系统提示 1 条数据同步成功，点击"关闭"。

步骤7 根据图 1-120 操作方式查看同步日志。

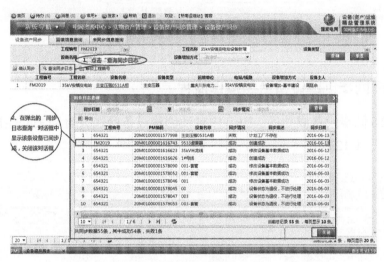

图 1-120 同步日志

步骤8 设备资产同步成功后次日在图 1-121 所示页面根据 1、2、3、4 所示操作查看资产卡片回填情况。

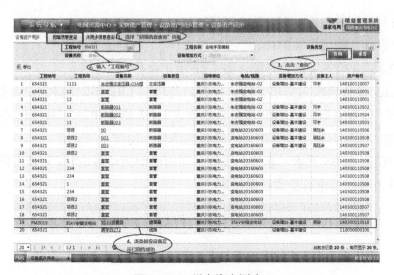

图 1-121 设备资产同步

步骤9 按图 1-121 单击该打开该设备，在设备台账信息页面可以看出资产卡片回填结果，见图 1-122。

图 1-122　卡片回填结果

1.2.2　ERP 同步创建设备台账操作流程

步骤1 PMS2.0 同步设备成功后，ERP 中自动创建设备台账并自动关联生成资产卡片，定时回传至 PMS2.0，见图 1-123。

设备	技术对象说明	用户状态	公司	对象类型	工厂	电压等级	功能位置	成本中心	资产编码	创建日期
20M01000001616549	10kV 回龙线917	投运	2051	1201	5100	6	20-2051-D-50007	C205105001	160100110507	2016-06-13
20M01000001616682	备用四	投运	2051	1201	5100	6	20-2051-D-50008	C205105001	160100110508	2016-06-13
20M01000001616720	10kV柱上变压器0527	投运	2051	1301	5100	6	20-2051-D-50007-31001	C205105001	160200110507	2016-06-13
20M01000001616768	10kV 回龙线917-杆塔	投运	2051	120103	5100	6	20-2051-D-50007	C205105001		2016-06-13
20M01000001616769	10kV 回龙线917-电缆头	投运	2051	120207	5100	6	20-2051-D-50007	C205105001		2016-06-13
20M01000001616771	备用四-杆塔	投运	2051	120103	5100	6	20-2051-D-50008	C205105001		2016-06-13
20M01000001616772	备用四-电缆头	投运	2051	120207	5100	6	20-2051-D-50008	C205105001		2016-06-13
20M01000001616774	备用四-导线	投运	2051	120106	5100	6	20-2051-D-50008	C205105001		2016-06-13

图 1-123　自动关联生成资产卡片

注：资产卡片定时回传时间：07:00/15:00/23:00。

步骤2 ERP 设备台账信息维护：

ERP 不限制 PMS2.0 推送字段为必填，需 ERP 手工维护：

以下字段在 ERP 设备台账为必填字段，但接口传输时 ERP 不限制 PMS2.0 接口信息为必填字段（若传输信息该字段为空不影响 ERP 设备台账创建），需要 ERP 手工补录设备台账信息。

【一般的】页签：投用日期、设备型号、设备铭牌号、构建年/月。

【组织结构】页签：WBS 元素（基建、技改、零购增加的设备 WBS 元素不能为空）。

【附加数据 2】页签：变电容量或线路长度。

1.3　设备修改操作流程

　　设备修改业务场景说明：输电、变电、配电各专业现由于设备名称或者设备台账参数发生变化，需申请相应铭牌变更、台账变更或者图形变更流程更改。台账修改方式：

　　（1）申请设备台账变更流程，在台账维护流程中修改对应设备参数并发布流程。

　　（2）台账参数中涉及从图形自动生成的参数信息（如导线起始终止杆塔），修改需申请图形台账变更流程，修改图形相应参数并同步至台账更新。

　　（3）涉及铭牌设备修改设备名称需走铭牌变更流程修改，非铭牌设备变更设备名称需在图形维护中修改相应图形名称并自动同步至台账。

1.3.1　发起设备变更修改流程

　　注：由于输电、变电、配电三个专业的设备修改流程操作步骤一致，下面就介绍输电设备修改操作流程。

步骤1▶ 输电（变电、配电）班长 / 班员登录 PMS2.0。

步骤2▶ 根据菜单路径"系统导航—电网资源管理—设备台账管理—设备变更申请"进入"设备变更申请"页面，根据单击"新增"，编制设备变更申请单，见图 1-124。

图 1-124　设备变更申请单

步骤3▶ 弹出新建变更申请单，根据①选择申请类型为"设备修改"，勾选"图形变更""台账变更"。设备修改可以不填工程编号，完善其余带 * 信息。根据②单击"保存并启动"启动设备变更申请流程，见图 1-125。

图 1-125　启动设备变更申请流程

步骤4 弹出流程选择对话框，在待选择对话框，选择对应变更审核人员输电（变电、配电）班长，双击到已选择对话框，单击"确定"，发送输电（变电、配电）班长审核。

步骤5 输电（变电、配电）班长登录 PMS2.0。

步骤6 进入系统单击左边导航下的待办任务，查找对应任务，单击任务名称进入审核界面，见图 1-126。

图 1-126 变更审核

步骤7 打开任务信息，填写审核意见，单击"发送"，见图 1-127。

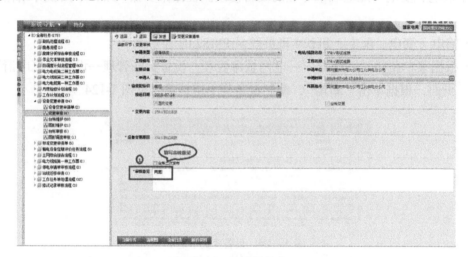

图 1-127 填写审核意见

步骤8 弹出流程选择对话框，在待选择对话框，选择对应"台账维护"人员输电（变电、配电）班员和"图形维护"人员输电（变电、配电）班员，双击到已选择对话框。单击"确定"，输电班员进行台账和图形修改。

1.3.2 图形修改维护操作流程

如果设备的台账和图形都要修改，遵循先图形后台账的原则。

步骤1 输电（变电、配电）班员登录图形客户端。

步骤2 进入 PMS2.0，单击任务管理，选择待办任务，单击打开任务，见图 1-128。

图 1-128　打开任务

步骤3 ▸ 进入任务之后，单击设备导航树，在导航树中找到需要做图形修改的线路（也可以通过快速定位查到需要修改的线路），见图 1-129。

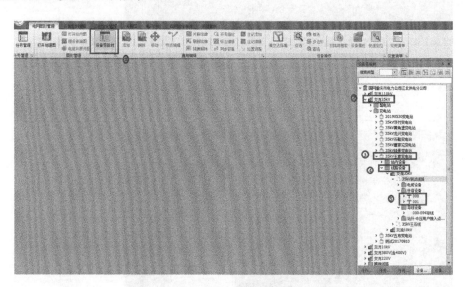

图 1-129　设备导航树

步骤4 ▸ 更新设备的所属线路，通过设备定位找到需要更新所属线路的设备。再在导航树中找到设备的所属线路，单击右键，在弹出的对话框中左键单击"局部刷新所属线路"，见图 1-130 ~ 图 1-133。

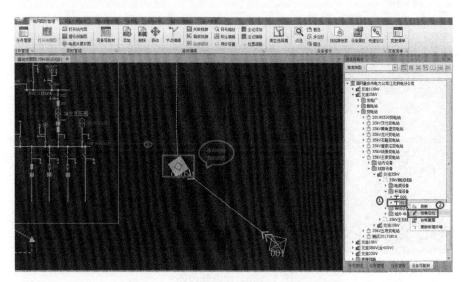

图 1-130　设备修改一

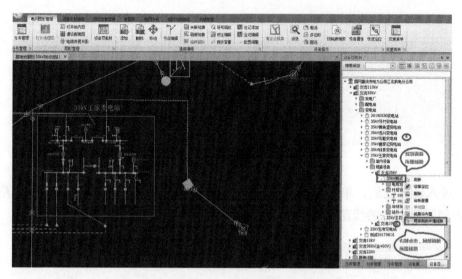

图 1-131　设备修改二

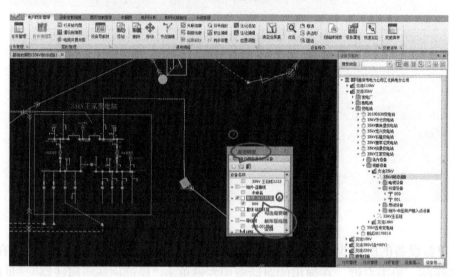

图 1-132　设备修改三

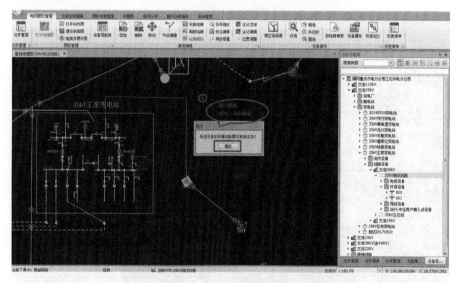

图 1-133　设备修改四

更新所属线路时，也可以框选多个设备一起做线路更新，但框选时一定不要框选到其他线路的设备。

步骤5 确定图形修改完成后，进入"电网图形管理—任务管理—待办任务"，单击"提交任务"，提交图形任务。在弹出的流程对话框，选择对应人员（运检专责审核），双击人员到与选择列，单击"确定"，提交任务，见图1-134。

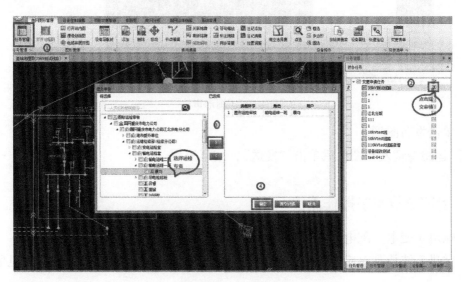

图 1-134　提交任务

步骤6 运检专责图形审核人员登录 PMS2.0。

步骤7 进入系统，单击待办任务，选择流程类型，查找对应任务，在右边任务对话框查找对应任务，单击任务名称。

步骤8 审核图形任务，见图1-135、图1-136。

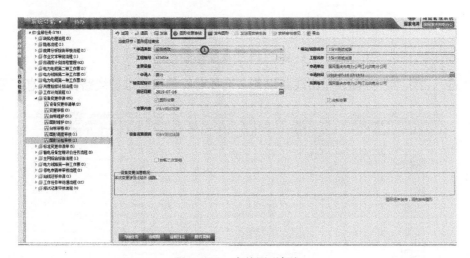

图 1-135　审核图形任务

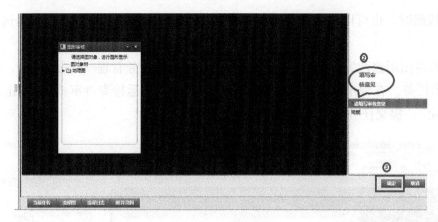

图 1-136　图形审核

步骤9▸ 单击发布图形。

步骤10▸ 运检专责发布图形后单击"发送"，结束流程。

1.3.3　台账修改维护操作流程

步骤1▸ 输电（变电、配电）班员登录 PMS2.0。

步骤2▸ 登进系统找到对应的待办任务，双击进入任务后，单击"台账维护"，见图 1-137。

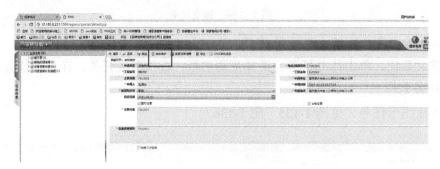

图 1-137　设备修改

步骤3▸ 进入台账维护界面，单击线路设备，选择对应的线路维护线路台账信息，见图 1-138。

图 1-138　台账维护

维护线路杆塔台账信息，见图 1-139。

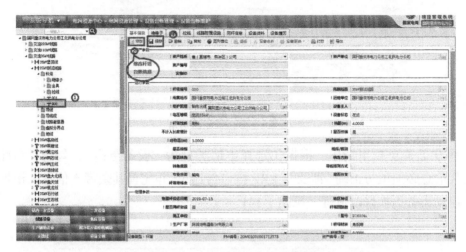

图 1-139 维护线路杆塔台账信息

步骤 4 ▸ 台账维护完成之后，单击代办，弹出任务流程界面，再单击发送。选择运检专责人员，单击确定。

步骤 5 ▸ 运检专责台账审核人员登录 PMS2.0。

步骤 6 ▸ 单击待办任务，找到需要审核的任务。单击任务名称进入审核界面。

步骤 7 ▸ 台账审核，同步至 ERP 并结束流程。此操作步骤跟设备新增流程结束流程一致。

1.4　设备更换操作流程

注：输电，变电，配电三个专业操作流程一致，下面以变电设备更换为例。

台账更换业务场景说明：现由于设备老化需将老旧设备直接更换（在 PMS2.0 中必须新增更换台账，否则影响台账资产管理）。更换方式如下：

（1）直接更换设备：直接将老旧设备进行设备退役，更换成新的设备，则设备更换完成后，需要对新增设备资产同步转资，和退役设备进行退役处置。

（2）从再利用或备品备件库选择设备更换：直接将老旧设备进行退役，重新投运设备可从再利用或备品备件库中选择（重新投运的设备信息将重新打包传输至 ERP）。重新投运后的设备不需进行设备转资，只需对退役下来设备进行退役处置。

其他注意事项：同一种设备类型才能进行更换，可不需发起图形修改流程，直接进行台账更换。

1.4.1　发起设备变更更换流程

步骤 1 ▸ 变电班长 / 班员登录 PMS2.0。

步骤 2 ▸ 根据 1. 选择菜单路径"系统导航—电网资源中心—电网资源管理—设备台账管理—设备更换申请"进入该页面，根据 2. 单击"新增"，编制设备更换修改申请单，见图 1-140。

图 1-140 设备更换申请单

步骤 3 ▶ 弹出新建更换申请单，根据①选择申请类型为"设备更换"，勾选"台账更换"，其中"工程编号"信息必须填写正确（涉及与 ERP 接口传送），并完善其余带 * 信息。根据②点击"保存并启动"，启动设备更换修改流程，见图 1-141。

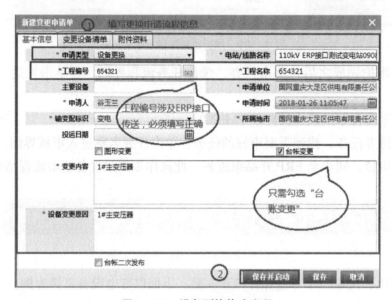

图 1-141 设备更换修改流程

步骤 4 ▶ 弹出流程选择对话框，根据①在待选择对话框，选择对应更换审核人员（变电班长），双击到已选择对话框，根据②点击"确定"，发送变电班长审核，见图 1-142。

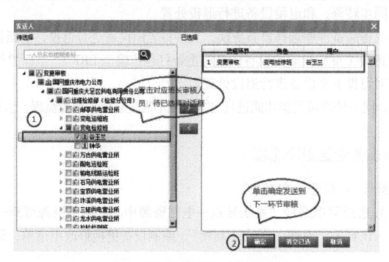

图 1-142 发送到下一环节审核

步骤5 ▶ 变电班长登录 PMS2.0。

步骤6 ▶ 进入系统左边导航"待办任务—全部任务—设备更换申请",在右边任务对话框查找对应任务,单击任务名称。

步骤7 ▶ 打开任务信息,根据①进行更换申请单审核,填写审核意见,根据②单击"发送",见图 1-143。

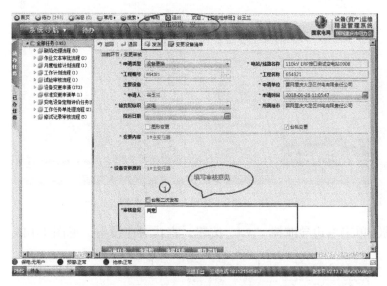

图 1-143 填写审核意见

步骤8 ▶ 弹出流程选择对话框,在待选择对话框,选择对应"台账维护"人员(变电班员),双击到已选择对话框,单击"确定"变电班员进行台账更换。

1.4.2 更换台账维护流程

步骤9 ▶ 变电班员登录 PMS2.0。

步骤10 ▶ 根据①进入系统左边导航树"待办任务—全部任务—设备更换申请",根据②查找对应台账维护任务,单击任务名称,打开任务信息,见图 1-144。

图 1-144 设备更换

步骤 11 ▶ 在右边任务对话框查找对应任务，进入任务，单击"台账维护"。

步骤 12 ▶ 进入设备台账维护界面，在设备导航树选择对应设备类型，见图 1-145。

图 1-145 选择对应设备类型

步骤 13 ▶ 根据①单击右边导航树"▼"按钮，查找对应设备，见图 1-146。

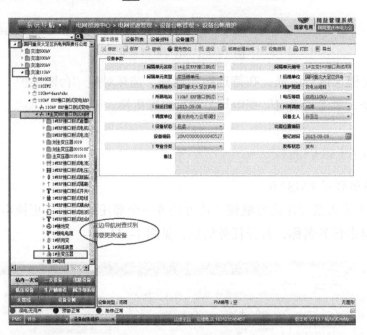

图 1-146 查找对应设备

步骤 14 ▶ 单击"设备更换"，更换设备，见图 1-147。

图 1-147 设备更换

步骤 15 ▶ 弹出设备更换方式，根据需要更换方式，更换设备。

注：设备更换方式有 3 种：

（1）直接更换，更换新设备；

（2）从再利用库中更换，设备退役后可放回在再利用库中，备后期设备利用；

（3）从备品备件库中更换，设备退役后可放回在备品备件中，备后期再用，见图 1-148。

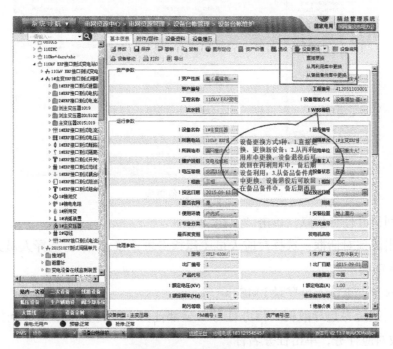

图 1-148　设备更换方式

步骤 16 ▶ 单击"直接更换"设备按钮，更换设备，见图 1-149。

图 1-149　更换设备

步骤 17 ▶ 弹出直接更换设备提示框，单击"确定"，进行设备更换，对于被更换设备将退役。

步骤 18 ▶ 单击"修改"，完善新增设备台账信息后，单击"保存"，保存设备台账信息，见图 1-150。

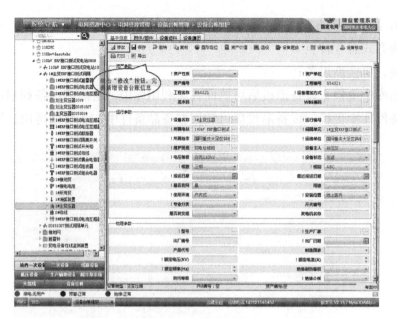

图 1-150   设备更换

步骤19▸ 返回待办任务信息，单击"发送"。

步骤20▸ 弹出流程对话框，选择对应人员（运检专责审核），双击选择人员到已选择列，单击"确定"，发送专责审核。

步骤22▸ 运检专责审核人员登录 PMS2.0。

步骤23▸ 进入系统左边导航树"待办任务—全部任务—设备更换申请"查找对应任务，在右边任务对话框查找对应任务，单击任务名称。

步骤24▸ 返回设备审核任务页面，单击"发送"，设备打包同步至 ERP 系统，无同步设备单击"关闭"，结束流程。

步骤25▸ 弹出流程结束框，选择"结束"，点击"确定"按钮。

1.5 设备切改操作流程

1.5.1 输电设备切改操作流程

设备切改业务场景说明：输电线路出线位置发生变化，线路需要切改到新的出线位置。本次操作手册实例：35kV 测试线路的出线间隔由 35kV 王家变电站 35kV 测试线路 3223，切改到 110kV 两路变电站 35kV 两王线 324 出线间隔。

1.5.1.1 输电发起设备变更切改流程

步骤1▸ 输电班长 / 班员登录 PMS2.0。

步骤2▸ 根据菜单路径"系统导航—电网资源管理—设备台账管理—设备变更申请"进入"设备变更申请"页面，根据单击"新增"按钮编制设备变更申请单，见图 1-151。

图 1-151 输电设备切改

步骤3 ▶ 弹出新建变更申请单，根据①选择申请类型为"线路切改"，勾选"图形变更""台账变更"。其中"工程编号"信息必须填写正确，不能随意填写（涉及与 ERP 接口传送），并完善其余带 * 信息。根据②点击"保存并启动"启动设备变更修改流程，见图 1-152。

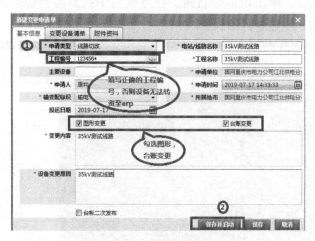

图 1-152 线路切改

步骤4 ▶ 弹出流程选择对话框，在待选择对话框，选择对应变更审核人员（输电班长），双击到已选择对话框，单击"确定"按钮，发送输电班长审核。

步骤5 ▶ 输电班长登录 PMS2.0。

步骤6 ▶ 进入系统根据①单击左边导航下的待办任务，根据②查找对应任务，根据③在右边任务对话框查找对应任务，单击任务名称进入审核界面，见图 1-153。

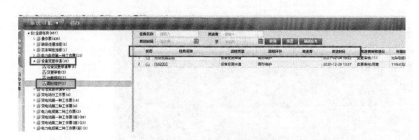

图 1-153 输电设备切改

步骤7 ▶ 打开任务信息，填写审核意见，单击"发送"按钮。

步骤8 ▶ 弹出流程选择对话框，在待选择对话框，选择对应"台账维护"人员（输电班员）和"图形维护"人员（输电班员），双击到已选择对话框。单击"确定"按钮，输电班员进行台账和图形修改。

1.5.1.2 输电图形切改维护操作流程

步骤1 ▸ 输电班员登录 PMS2.0。

注：当图形、台账同时需要修改维护时，需先进行图形维护。

步骤2 ▸ 进入 PMS2.0，单击任务管理，选择待办任务，单击打开任务，见图 1-154。

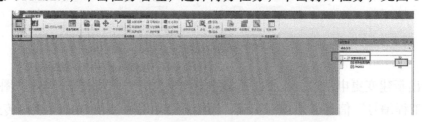

图 1-154　打开

步骤3 ▸ 进入任务之后，单击设备导航树，在导航树中找到需要切改的线路（也可以通过快速定位查到需要切改的线路），见图 1-155。

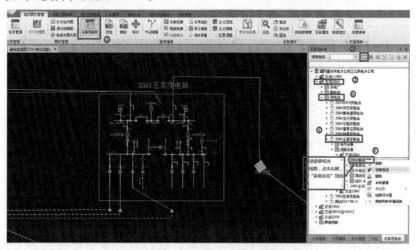

图 1-155　找到需要切改的线路

步骤4 ▸ 线路定位成功之后，找到线路需要切改的位置（例如 35kV 测试线路从 000 号杆开始切改，3 号以后的设备切改到新间隔的线路下）。通过"电网图形管理—节点编辑"，将导线脱离杆塔，见图 1-156。

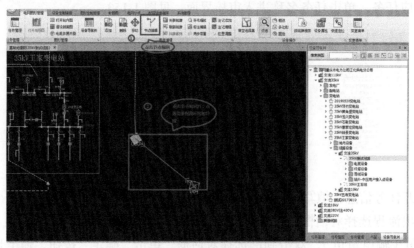

图 1-156　将导线脱离杆塔

按住 "Shift" 键，鼠标左键单击导线与杆塔的连接节点移动导线（移动的过程中左键不能松开），将导线强制与杆塔脱离，见图 1-157。

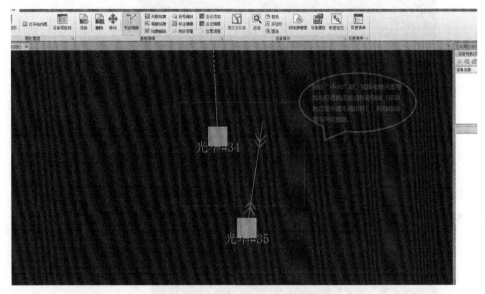

图 1-157　将导线强制与杆塔脱离

步骤5 ▶ 从新的出线间隔引出超链接线，创建切改后的新线路。

（1）因为这里是切改到新的线路上。所以要在 PMS2.0 中新建线路铭牌，根据菜单路径 "系统导航—电网资源管理—设备台账管理—主网设备电系铭牌维护" 进入 "主网设备电系铭牌维护" 页面。

（2）在图形中找到新间隔位置，单击设备导航树，找到间隔所属变电站。在变电站的站内设备中找到出线间隔，见图 1-158。

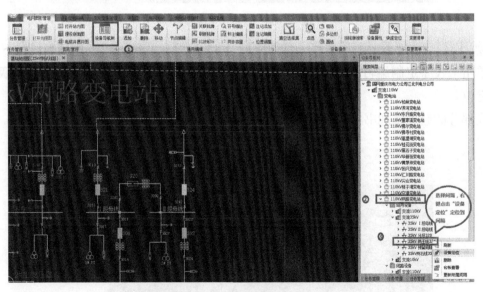

图 1-158　出线间隔定位

（3）间隔定位成功后，单击 "添加" 按钮，选择 "站外—超连接线"，单击间隔上的出现点，创建线路，见图 1-159。

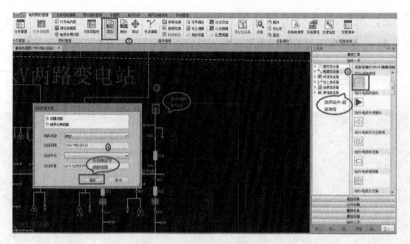

图 1-159 输电设备切改

（4）将"站外—超链接线"连接到 35kV 测试线路 000 号杆，见图 1-160。

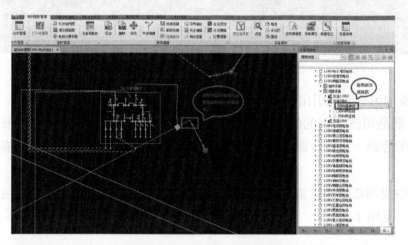

图 1-160 查看新生成线路

步骤6 刷新切改部分的所属线路（将原来属于 35kV 测试线路的设备刷到新线路下）。

（1）单击"设备定制编辑—线路更新"，如果切改的部分很长，可以在切改部分的两端设置书签，方便定位。

在切改部分的起点添加书签，见图 1-161。

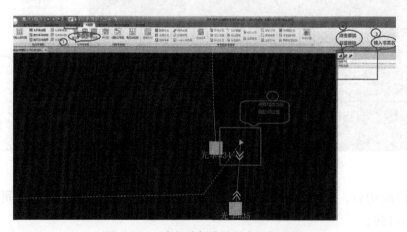

图 1-161 在切改部分的起点添加书签

在切改的终端添加书签，见图 1-162。

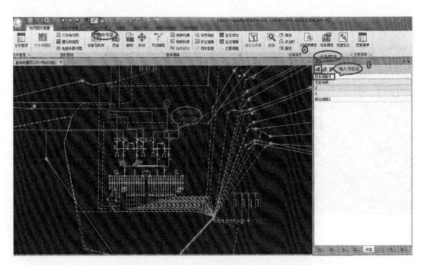

图 1-162 在切改的终端添加书签

（2）单击"设备定制编辑—线路更新"，变更切改部分的所属线路，见图 1-163～图 1-171。

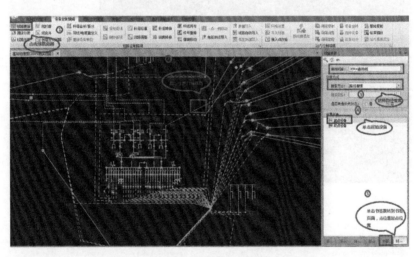

图 1-163 输电设备切改一

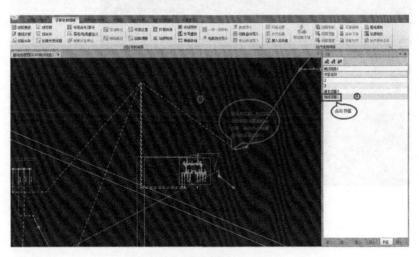

图 1-164 输电设备切改二

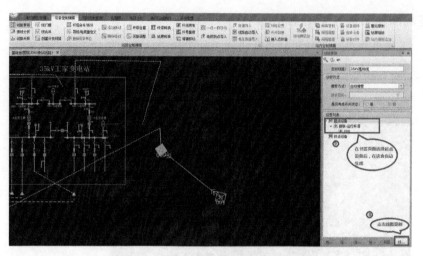

图1-165 输电设备切改三

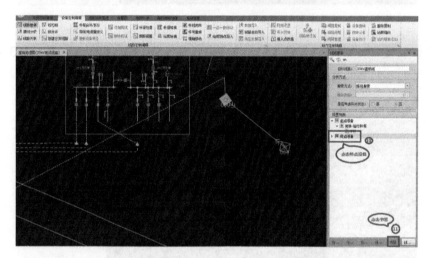

图1-166 输电设备切改四

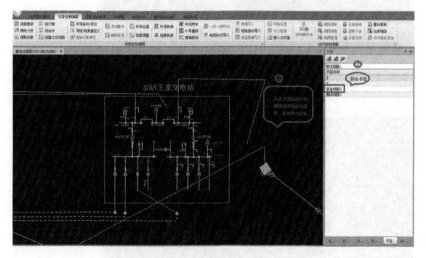

图1-167 输电设备切改五

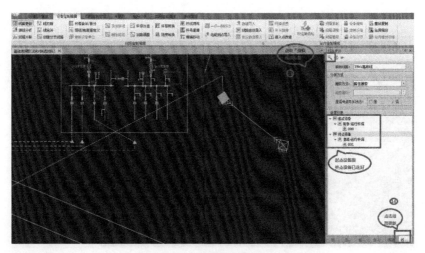

图 1-168 输电设备切改六

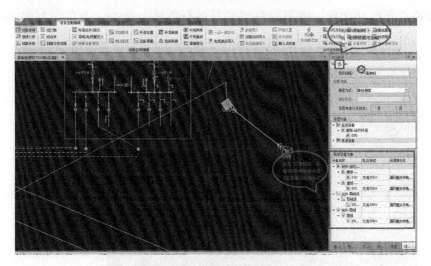

图 1-169 输电设备切改七

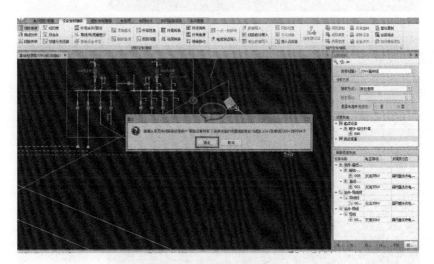

图 1-170 输电设备切改八

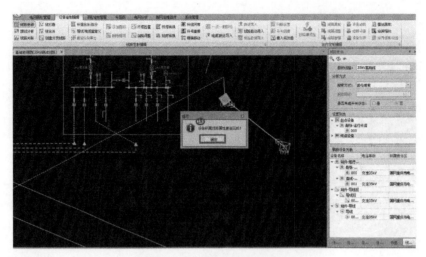

图 1-171 输电设备切改九

步骤7 线路更新成功之后，需要对杆塔编号进行重排。单击"设备定制编辑—杆号重排"，见图 1-172。

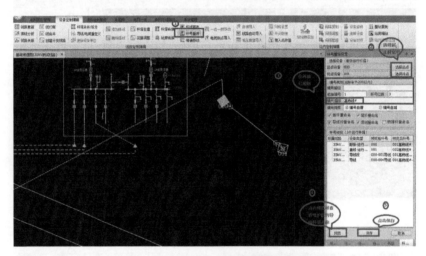

图 1-172 编号重排

步骤8 查看切改成功的线路图形信息，见图 1-173。

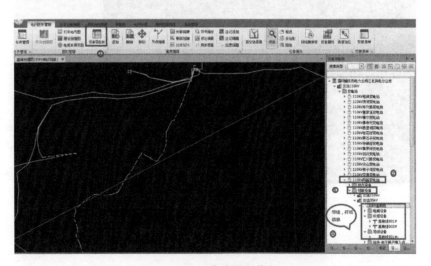

图 1-173 线路图形信息

步骤 9 ▸ 确定图形切改成功后，进入"电网图形管理—任务管理—待办任务"，单击"提交任务"按钮，提交图形任务。在弹出的流程对话框，选择对应人员（运检专责审核），双击人员到与选择列，单击"确定"，提交任务，见图 1-174。

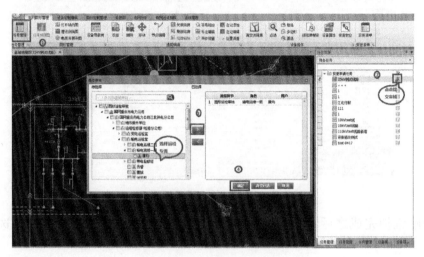

图 1-174　输电设备切改

步骤 10 ▸ 运检专责图形审核人员登录 PMS2.0。

步骤 11 ▸ 进入系统，单击待办任务，选择流程类型，查找对应任务，在右边任务对话框查找对应任务，单击任务名称。

步骤 12 ▸ 审核图形任务。

步骤 13 ▸ 发布图形。

步骤 14 ▸ 运检专责发布图形后单击"发送"，结束流程，线路切改的图形维护到此结束，下面进行台账维护。

1.5.1.3　输电台账切改维护操作流程

步骤 1 ▸ 输电班员输入登录 PMS2.0 修改完善台账信息。

步骤 2 ▸ 单击待办任务，找到对应的台账维护任务，单击台账维护。

步骤 3 ▸ 进入台账维护界面，单击线路设备，选择对应的线路维护线路台账信息，见图 1-175。

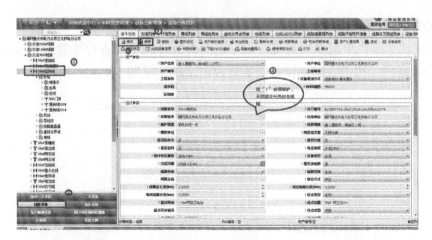

图 1-175　台账维护

维护线路杆塔、导线台账信息操作步骤都是一样的，这里就维护杆塔台账信息为例，导线就不再次操作，操作步骤见图1-176。

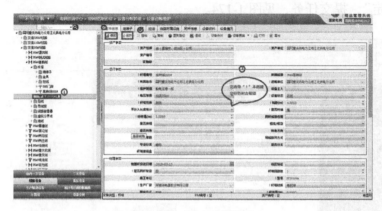

图 1-176   输电设备切改

步骤4 台账维护完成之后，单击代办，弹出任务流程界面，再单击发送。选择运检专责人员，单击确定。

步骤5 运检专责台账审核人员登录PMS2.0。

步骤6 运检专责台账审核人员登记系统，单击待办任务，找到需要审核的任务。单击任务名称进入审核界面。

步骤7 台账审核并结束流程。

台账维护结束。

1.5.2   配电设备切改操作手册

设备切改业务场景说明：现由于支线设备所属馈线发生变化，需将部分设备供电线路进行修改，需对切改设备图形挂接关系进行变更、设备台账挂接关系进行切改修正。设备切改方式如下：

申请图形变更流程，在图形中将设备的挂接关系进行修改并提交发布流程。申请台账变更流程，根据图形流程设备的挂接关系修改情况自动切改修正台账挂接关系。

1.5.2.1   配电发起设备变更切改流程

步骤1 配电班长/班员登录PMS2.0。

步骤2 在系统菜单栏里选择"系统导航—电网资源管理—设备台账管理—设备变更申请"进入该页面，单击"新建"按钮，编制设备变更修改申请单，见图1-177。

图 1-177   配电设备切改

步骤 3 ▶ 弹出新建变更申请单，选择申请类型为"线路切改"，勾选"图形变更""台账变更"，其中"工程编号"信息必须填写正确（涉及与 ERP 接口传送），并完善其余带 * 信息。单击"保存并启动"，启动设备变更修改流程，见图 1-178。

图 1-178　配电设备切改

步骤 4 ▶ 弹出流程选择对话框，在待选择对话框，选择人员（配电班长），双击到已选择对话框，单击"确定"按钮，发送配电班长审核。

步骤 5 ▶ 配电运行班长登录 PMS2.0。

步骤 6 ▶ 进入系统左边导航"待办任务—全部任务—设备变更申请"查找对应任务，在右边任务对话框查找对应任务，单击任务名称。

步骤 7 ▶ 打开任务信息，进行变更申请单审核，填写审核意见，勾选"变更图形拓扑"，单击"发送"按钮，见图 1-179。

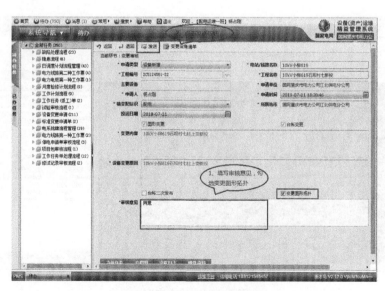

图 1-179　配电设备切改

步骤8 ▸ 弹出流程选择对话框，在待选择对话框，分别选择对应"台账维护"人员（配电班员）和"图形维护"人员（配电班员），双击到已选择对话框，单击"确定"按钮，配电班员进行台账和图形修改。

1.5.2.2 配电图形切改维护操作流程

步骤1 ▸ 配电班员登录 PMS2.0。

步骤2 ▸ 进入系统左边导航树"待办任务—设备变更申请"查找对应任务，单击任务名称，打开任务信息。

注：当图形、台账同时需要修改维护时，需先进行图形维护。

步骤3 ▸ 进入任务后，单击"图形维护"，进入 PMS2.0。

步骤4 ▸ 打开 PMS2.0，进入"电网图形管理—任务管理"，点击"任务管理"打开待办任务。

步骤5 ▸ 单击变更申请任务左边"▣"按钮，查找对应任务，单击任务后"▣"按钮，打开任务修改图形信息。

步骤6 ▸ 打开任务地理图修改图形信息，见图 1-180。

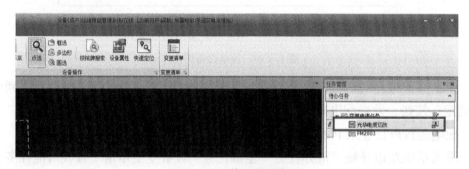

图 1-180 修改图形信息

步骤7 ▸ 进入"电网图形管理—快速定位"。打开查找对象类型导航，选择设备类型，查询字段、单位级别，输入查询内容，见图 1-181。

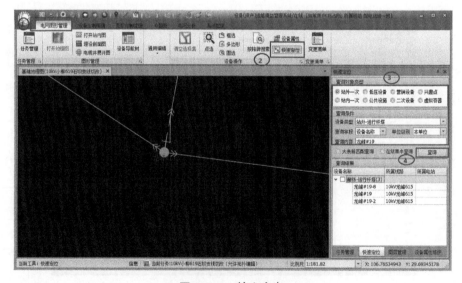

图 1-181 输入内容

步骤8 ▶ 根据查询清单查找到对应修改设备，双击设备名称，定位图形，见图 1-182。

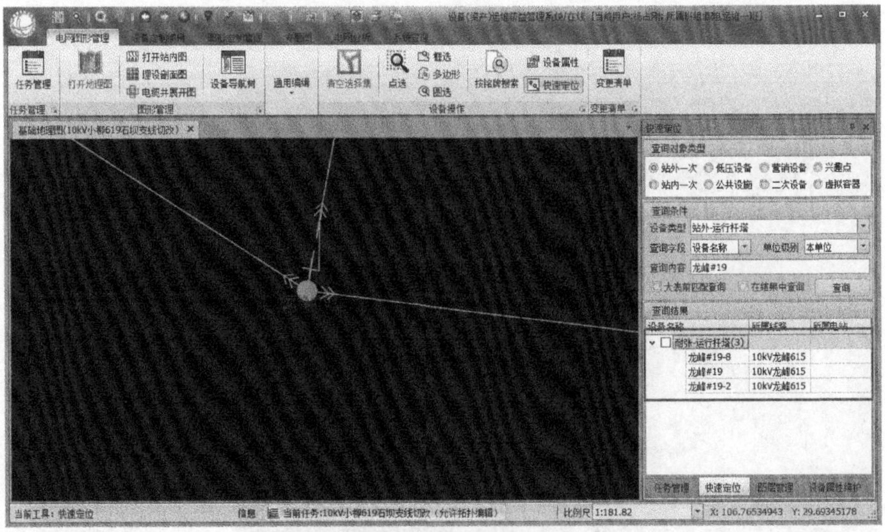

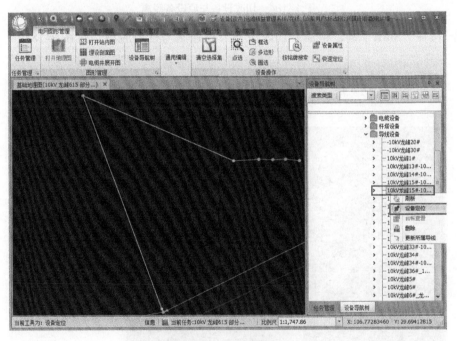

图 1-182　定位图形

步骤9 ▶ 可在设备导航树中找到对应设备名称，右键"设备定位"，定位图形，见图 1-183。

图 1-183　定位图形

步骤10 ▶ 根据①查找到需要切改设备在"电网图形管理—节点编辑"，根据②用"节点编辑"功能将切改设备与原设备脱离，见图 1-184。

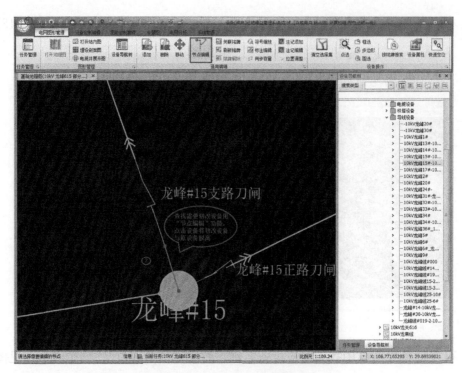

图 1-184 切改设备与原设备脱离

步骤 11 ▶ 按住"Shift"键，将需要切改设备节点强制与杆塔脱离，见图 1-185。

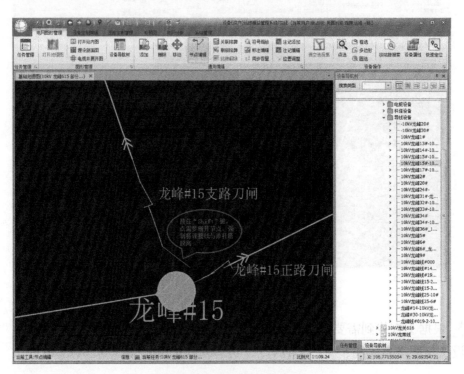

图 1-185 强制与杆塔脱离

步骤 12 ▶ 将脱离原杆塔的连接线与新杆塔进行连接，见图 1-186。

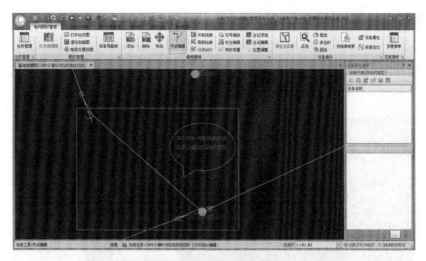

图 1-186　与新杆塔连接

步骤13 ▶ 进入"电网图形管理—框选"，应用框选功能框选切改设备，见图 1-187。

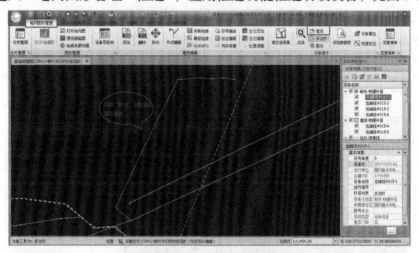

图 1-187　框选切改设备

步骤14 ▶ 进入"电网图形管理—设备导航树"，查找到切改后目标线路，单击右键，单击"局部刷新所属线路"，见图 1-188。

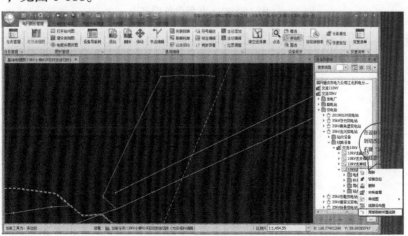

图 1-188　切改后目标线路

步骤15 ▸ 弹出可以进行更新操作设备对话框，单击"确定"按钮，更新切改设备所属线路，见图1-189。

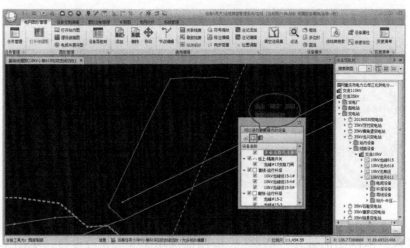

图1-189　更新切改设备所属线路

步骤16 ▸ 单击设备导航树，单击右键更新设备信息，见图1-190。

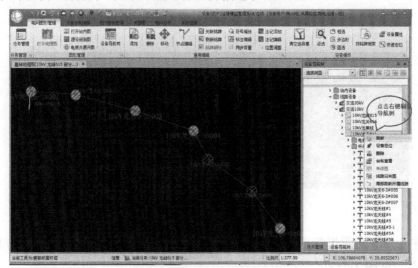

图1-190　更新设备信息

步骤17 ▸ 查看设备是否切改成功，见图1-191。

图1-191　查看设备是否切改成功

步骤 18 ▸ 确定图形切改成功后，进入"电网图形管理—任务管理—待办任务"，单击"提交任务"按钮，提交图形任务。在弹出的流程对话框，选择对应人员（运检专责审核），双击人员到与选择列，单击"确定"按钮，提交任务。此操作可参照详图 1-174 进行点选操作。

步骤 19 ▸ 运检专责图形审核人员登录 PMS2.0。

步骤 20 ▸ 进入系统左边导航树"待办任务—全部任务—设备变更申请"，查找对应任务，在右边任务对话框查找对应任务，单击任务名称。

步骤 21 ▸ 进行变更申请单审核，单击"图形变更审核"按钮，审核图形。此操作可参照详图 1-169 进行点选操作。

步骤 22 ▸ 进入图形审核页面，查看地理图信息，填写图形审核意见，单击"确定"按钮，保存审核意见。

步骤 23 ▸ 图形运检审核完成后，单击"发送"按钮。

步骤 24 ▸ 弹出流程选择对话框，在待选择对话框，选择图形运方审核人员，单击"确定"按钮。

步骤 25 ▸ 图形运方审核人员登录 PMS2.0。

步骤 26 ▸ 进入系统左边导航树"待办任务—全部任务—设备变更申请"，查找对应任务，在右边任务对话框查找对应任务，单击任务名称。

注：配电设备"图形变更审核"会操作 3 次。

步骤 27 ▸ 进行变更申请单审核，单击"图形变更审核"按钮，审核图形。

步骤 28 ▸ 进入图形审核页面，查看地理图信息，填写图形审核意见，单击"确定"按钮，保存审核意见。

步骤 29 ▸ 图形运方审核完成后，单击"发送"按钮。

步骤 30 ▸ 弹出流程选择对话框，在待选择对话框，选择图形调度审核人员，单击"确定"按钮。

步骤 31 ▸ 图形调度审核人员登录 PMS2.0。

步骤 32 ▸ 进入系统左边导航树"待办任务—全部任务—设备变更申请"，查找对应任务，在右边任务对话框查找对应任务，单击任务名称。

步骤 33 ▸ 进行变更申请单审核，单击"图形变更审核"按钮，审核图形。

步骤 34 ▸ 进入图形审核页面，查看地理图信息，填写图形审核意见，单击"确定"按钮，保存审核意见。

步骤 35 ▸ 图形调度审核完成后，单击"发布图形"按钮，系统将会提示"任务已添加发布列队，请稍后……"。

步骤 36 ▸ 图形发布完成后，单击"发送"按钮。

步骤 37 ▸ 弹出流程选择对话框，在待选择对话框，选择图形维护人员，单击"确定"按钮。

步骤 38 ▸ 图形维护人员登录 PMS2.0，再次打开对应的任务，并提交任务。

步骤 39 ▸ 弹出流程对话框，在待选择列选择对应人员（运检专责审核），双击人员到与选择列，单击"确定"按钮，提交任务。

步骤 40 ▸ 运检专责图形审核人员登录 PMS2.0。

步骤 41 ▸ 进入系统左边导航树"待办任务—全部任务—设备变更申请"，查找对应任务，在右边任务对话框查找对应任务，单击任务名称。

步骤 42 ▸ 进行变更申请单审核，单击"图形变更审核"按钮，审核图形。

步骤43 ▶ 进入图形审核页面，查看地理图信息，填写图形审核意见，单击"确定"，保存审核意见。

步骤44 ▶ 图形运检审核完成后，单击"发布图形"，进行二次发布，系统将会提示"任务已添加发布列队，请稍后……"。

步骤45 ▶ 图形运检审核完成后，单击"发送"。

步骤46 ▶ 弹出流程对话框，在待选择列选择"结束"，单击"确定"，结束图形流程。

1.5.2.3 配电台账切改维护操作流程

步骤1 ▶ 图形发布后，需配电班员登录PMS2.0对台账进行切改修正。

步骤2 ▶ 进入系统左边导航树"待办任务—设备变更申请"查找对应台账维护任务，单击任务名称，打开任务信息。

步骤3 ▶ 进入对应任务对话框，单击"台账维护"。

步骤4 ▶ 进入设备台账维护界面，在设备导航树选择对应设备类型，见图1-192。

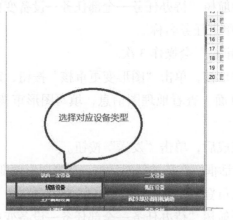

图1-192　选择对应设备类型

步骤5 ▶ 单击右边导航树"⌄"按钮，查找切改的线路；单击设备名称，打开设备基本信息；单击"修改"按钮，修改台账信息，见图1-193。

图1-193　修改台账信息

步骤6 ▶ 单击"切改修正"按钮，切改修正设备。

注：线路"切改修正"功能按钮，用于修正线路杆塔、导线设备，导线、杆塔切改修正完成后，再根据杆塔，对柱上设备进行切改修正，见图1-194。

图 1-194　柱上设备切改修正

步骤7 ▶ 弹出设备修正提示框，单击"确定"按钮，修正设备，见图 1-195。

步骤8 ▶ 弹出完成切改修正提示框，单击"确定"按钮，完成切改修正。

步骤9 ▶ 弹出认领设备对话框，单击"取消"按钮，见图 1-196。

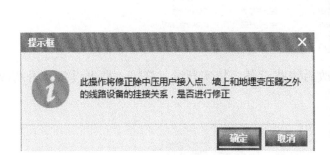

图 1-195　设备修正提示框

图 1-196　认领设备对话框

步骤10 ▶ 根据①在左边导航树，选择柱上设备类型，根据②打开右边柱上设备列表，选择切改设备，根据③单击切改修正按钮，修正柱上设备，见图 1-197。

注：必须保证柱上设备必须和杆塔有正确挂接关系。

图 1-197　配电设备切改

步骤11 ▶ 弹出柱上设备修正对话提示框，单击"确定"按钮，将修正柱上隔离开关，见图 1-198。

图 1-198 修正柱上设备

步骤12 ▶ 弹出柱上设备修正成功对话框，见图 1-199。

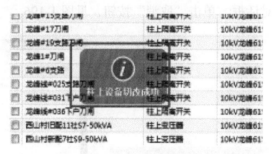

图 1-199 柱上设备切改成功

步骤13 ▶ 在左边导航树，查找对应切改后线路设备，核实导线、杆塔、柱上设备是否切改正确，见图 1-200。

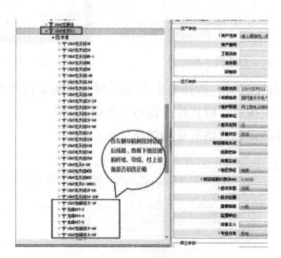

图 1-200 核实是否切改正确

步骤14 ▶ 返回待办任务信息，打开任务，单击"发送"按钮。

步骤15 ▶ 弹出流程对话框，选择对应人员（运检专责审核），双击选择人员到已选择列，单击"确定"，发送专责审核。

步骤16 ▶ 运检专责审核人员登录 PMS2.0。

步骤17 ▶ 进入系统左边导航树"待办任务—全部任务—设备变更申请"查找对应任务，在右边任务对话框查找对应任务，单击任务名称。

步骤18 ▶ 进行变更申请单审核，单击"设备台账变更审核"按钮，审核台账信息。

步骤 19 在设备台账变更审核页面，查看台账信息，填写审核意见后，单击"确定"按钮，保存审核意见。

步骤 20 返回设备审核任务页面，单击发送，设备打包同步 ERP 系统，单击"确定"，结束流程，见图 1-201。

图 1–201　配电设备切改结束

步骤 21 弹出流程结束框，选择"结束"，单击"确定"按钮。

1.6　设备退役操作流程

1.6.1　设备退役

注：输电、变电、配电三个专业操作流程步骤一致，下面以变电设备退役为例。

步骤 1 运行台账维护人员登录 PMS2.0。

步骤 2 在系统菜单栏里选择"系统导航—电网资源中心—电网资源管理—设备台账管理—设备变更申请"，进入该页面，见图 1-202。

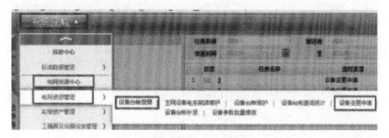

图 1–202　进入设备退役页面

步骤3 在设备变更申请页面根据图1-203所示按1、2操作顺序进行操作，见图1-203。

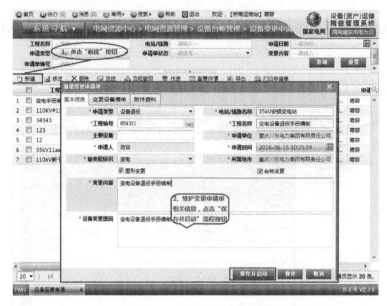

图1-203 设备变更申请页面

步骤4 在弹出的流程对话框页面左边导航树双击选择人员，右边单击"确定"按钮，然后退出当前账号。

步骤5 设备台账审核人员登录PMS2.0。

步骤6 在系统首页待办任务内找到该条任务，单击打开。

步骤7 在弹出的对话框页面填写审核意见，单击"发送"按钮。

步骤8 在弹出的流程对话框页面左边导航树双击选择"台账维护"人员，右边单击"确定"按钮，系统提示发送成功，然后退出当前账号。

步骤9 图形台账维护人员登录PMS2.0。

步骤10 在"待办任务"中选择该"图形维护"流程打开。

注：退役设备前必须先将图形删除，否则无法做退役设备操作，若没有关联图形则直接退役。

步骤11 单击打开该"图形维护"流程，并进入PSM2.0。

步骤12 用户名、密码已自动输入，单击"登录"按钮，进入PMS2.0。

步骤13 进入PMS2.0后根据图1-204所示1、2操作步骤操作。

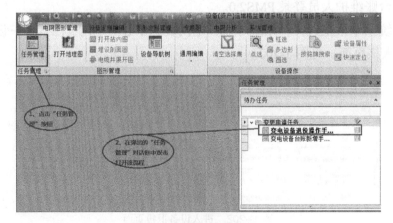

图1-204 变电设备退役

步骤 14 ▶ 打开该任务图页面，按图 1-205 1、2 所示操作步骤操作。

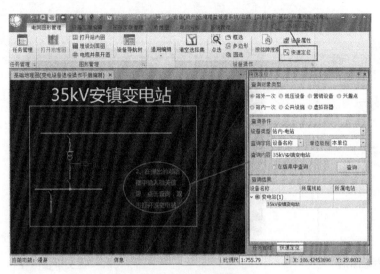

图 1-205　设备退役

步骤 15 ▶ 在定位到该变电站后单击"打开站内图"按钮。详情见图 1-206 设备退役。

图 1-206　打开站内图

步骤 16 ▶ 进入该变电站站内图后根据图 1-207 所示 1、2 步骤操作。

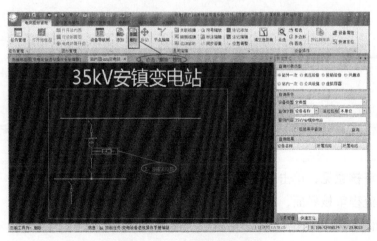

图 1-207　设备退役操作

步骤 17 ▶ 根据图 1-208 所示操作删除图形。

步骤 18 ▶ 图形画好后根据图 1-209 所示提交审核流程。

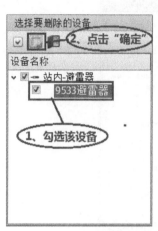

图 1-208 删除图形

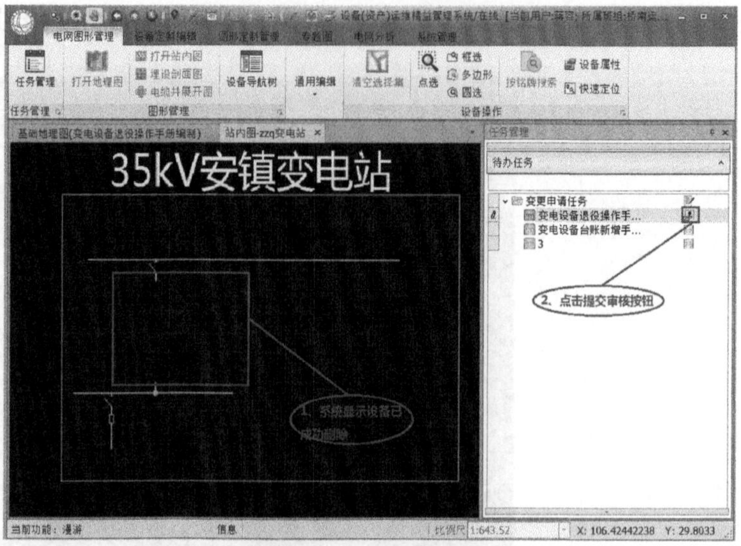

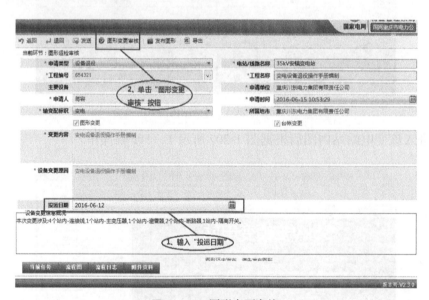

图 1-209 提交审核流程

步骤19 在弹出的"提交审核"对话框中选择图形运检审核人员，单击"确定"按钮，系统提示"发送成功"以及"即将关闭任务并切换至基板任务"提示框，单击"确定"即可。

步骤20 图形运检审核人员登录 PMS2.0。

步骤21 在待办任务中找到该条任务，单击打开。

步骤22 在图形审核界面根据图 1-210 所示操作。

图 1-210 图形变更审核

步骤23 输入审核意见，单击"确定"按钮，系统提示"保存成功"。

步骤24 回到流程审核界面，单击"发布图形"，再单击"发送"按钮。

注：必须先发布图形，否则流程无法结束。

步骤25 选择"结束"，单击"确定"。

步骤26 运行台账维护人员登录 PMS2.0。

步骤27 在"待办任务"中选择该流程打开。

步骤 28 ▸ 单击"台账维护"按钮。

步骤 29 ▸ 根据图 1-211 1、2、3 所示操作，系统提示"设备退役成功"。

注：退役设备前必须先将图形删除，否则无法做退役设备操作，若没有关联图形则直接退役。

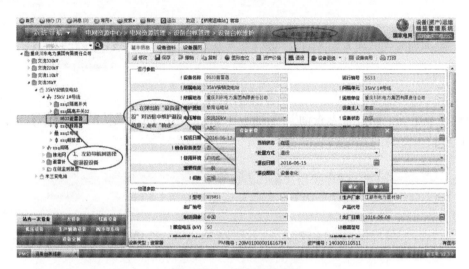

图 1-211　设备退役成功

步骤 30 ▸ 回到流程审核界面，单击发送，选择台账审核人员。

步骤 31 ▸ 台账审核人员登录 PMS2.0。

步骤 32 ▸ 在"待办任务"中选择该流程打开。

步骤 33 ▸ 单击"设备台账变更审核"按钮。

步骤 34 ▸ 在"设备台账变更审核"对话框中输入审核意见，单击"确定"按钮。

步骤 35 ▸ 根据图 1-212 所示操作发布设备台账。

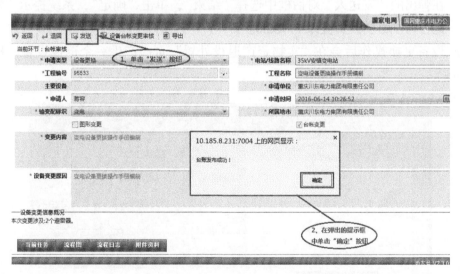

图 1-212　发布设备台账

步骤 36 ▸ 在弹出的"参数同步"对话框中单击"确定"按钮，见图 1-213。

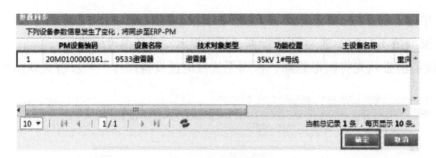

图 1-213　参数同步

步骤 37▸ 在弹出的"同步日志查询"对话框中可以看出已同步成功的设备信息，单击"关闭"按钮，见图 1-214。

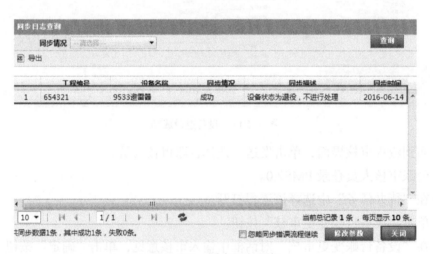

图 1-214　同步日志查询

步骤 38▸ 在弹出的"发送人"对话框中选择"结束"，单击"确定"，系统提示"发送成功"。

步骤 39▸ 运行台账维护人员登录 PMS2.0。

步骤 40▸ 设备更换操作后会在"实物资产退役处置"页面产生一个退役设备，根据图 1-215操作进入该页面。

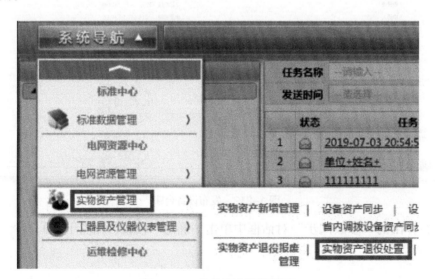

图 1-215　实物资产退役处置

步骤41 ▶ 如图 1-216 所示，该退役设备已成功显示在"实物资产退役处置"页面。

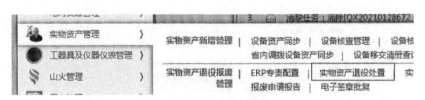

图 1-216　成功显示

注：设备退役处置分为 2 种方式：转再利用、报废。

1.6.2　退役资产处置转再利用

步骤1 ▶ 进入系统导航—实物资产管理—实物资产退役报废管理—实物资产退役处置，见图 1-217。

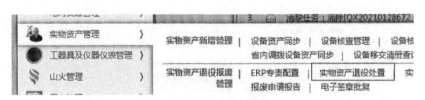

图 1-217　进入流程

步骤2 ▶ 进入设备资产退役处置页面，选择未处置书签页面，查找对应退役设备记录，单击"技术鉴定"按钮，见图 1-218。

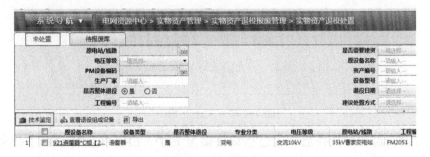

图 1-218　技术鉴定

步骤3 ▶ 弹出技术鉴定申请单对话框，根据①填写技术坚定结论，根据②填写申请单内容，根据③填写待处置列表信息，见图 1-219。

图 1-219　技术鉴定申请单对话框

步骤 4　根据①单击发送 ERP，根据②单击"确定"，将信息同步至 ERP，见图 1-220。

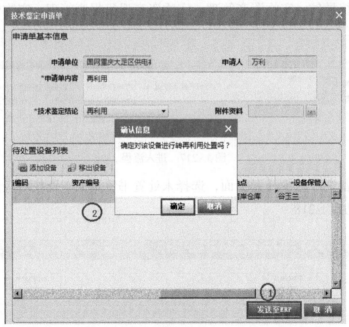

图 1-220　发送至 ERP

PMS2.0 进行设备再利用操作后，通过接口传输至 ERP，ERP 在设备台账【相关设备】页签在"再利用设备"标识上打钩，同时设备状态更换为"在运"

注：若 ERP 中设备状态为报废或删除，则 ERP 不接收 PMS2.0 传输信息，ERP 台账不更换。

1.6.3　再利用设备转备品备件

步骤1▶ 进入系统导航—实物资产管理—实物资产再利用管理—实物资产再利用处置页面，选择再利用库设备记录，点击"转备品备件"按钮，转到再利用库，见图 1-221。

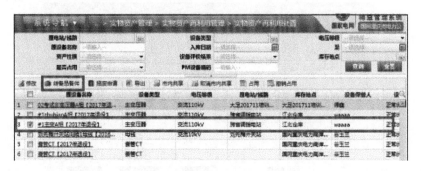

图 1-221　转到再利用库

步骤2▶ 弹出设备转备品备件确认信息对话框，单击"确定"按钮。

PMS2.0 进行设备备品备件操作后，通过接口传至 ERP，ERP 在设备台账【相关设备】页签在"备品标识"标识上打钩，同时设备状态更换为"现场退置"

注：若 ERP 中设备状态为报废或删除，则 ERP 不接收 PMS2.0 传输信息，ERP 台账不更换。

1.6.4　退役资产处置转报废

注：输电、变电、配电三个专业操作流程步骤一致，下面以变电设备退役为例。

1.6.4.1　设备退出报废（项目设备）

1. ERP 启动报废工作流程（项目设备）

设备拆除的 3 个工作日内在 ERP 资产退置平台发起报废工作流程，PMS2.0 台账操作人员在报废工作流程发起后 7 个工作日内在 PMS2.0 发起报废流程；当在 ERP 系统中完成报废工作流后，将报废工作流状态返回至 PMS2.0。

2. PMS2.0 发起报废流程（项目设备）

步骤1▶ 进入设备资产退役处置页面，选择未处置书签页面，查找对应退役设备记录，单击"技术鉴定"按钮，见图 1-222。

图 1-222　技术鉴定

步骤2 弹出技术鉴定申请单对话框，填写技术鉴定结论，选择报废申请单类型，填写申请单内容，填写待处置列表信息，填写设备报废原因，上传附件资料，单击"校验并发送至ERP"，见图1-223。

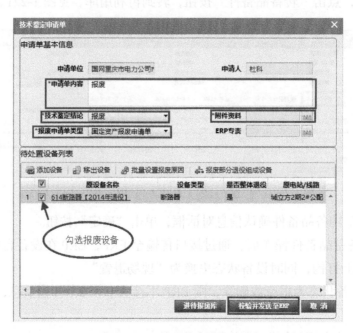

图1-223 填写技术鉴定结论

3. ERP 完成报废工作流程（项目设备）

在报废工作流程中将 ERP 设备台账设备状态修改为"报废"（到期退役 / 增容改造 / 技术政策 / 严重缺陷，具体报废状态根据工作流程中实际选择更换），当报废工作流程完成时回传工作流程状态至 PMS2.0，见图 1-224。

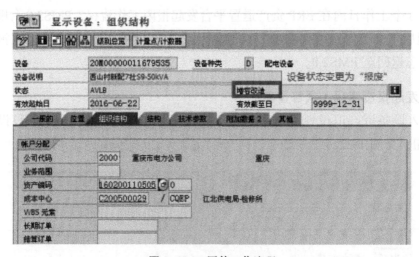

图1-224 回传工作流程

注：PMS2.0 子设备报废：在报废工作流程中，子设备的 ERP 设备状态永远"在运"，只有当主设备报废时子设备状态自动修改为"报废"。

4. PMS2.0 接收 ERP 报废信息（项目设备）

PMS2.0 接收 ERP 报废信息后设备报废。

1.6.4.2 设备退出报废（非项目设备）

由 PMS2.0 台账操作人员在 PMS2.0 发起报废流程后，ERP 系统自动在工作台的收件箱中创建报废工作流程。当在 ERP 系统中完成报废工作流程后，将报废工作流程状态返回至 PMS2.0。

1. 直接 PMS2.0 发起报废流程（非项目设备）

步骤1 ▶ 进入设备资产退役处置页面，选择未处置书签页面，查找对应退役设备记录，单击"技术鉴定"按钮，见图 1-225。

图 1-225 设备资产退役处置页面

步骤2 ▶ 弹出技术鉴定申请单对话框，填写技术鉴定结论，选择报废申请单类型，填写申请单内容，填写待处置列表信息，填写设备报废原因，上传附件资料，单击"校验并发送至 ERP"，见图 1-226。

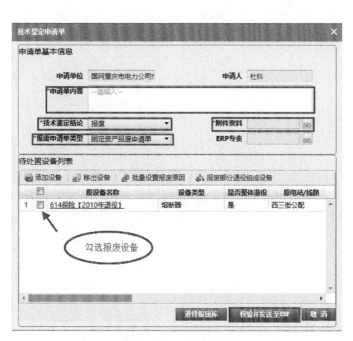

图 1-226 技术鉴定

2. ERP 完成报废工作流程（非项目设备）

在报废工作流程中将 ERP 设备台账设备状态修改为"报废"（到期退役 / 增容改造 / 技术政策 /

严重缺陷，具体报废状态根据工作流程中实际选择更换），当报废工作流程完成时回传工作流状态至 PMS2.0，见图 1-227。

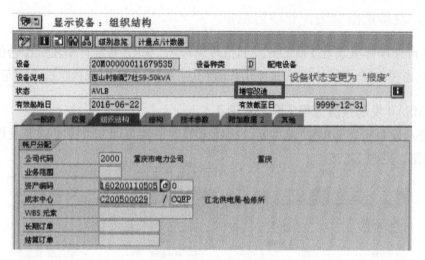

图 1-227　设备退役

备注：PMS2.0 子设备报废：在报废工作流中，子设备的 ERP 设备状态永远"在运"，只有当主设备报废时子设备状态自动修改为"报废"。

3. PMS2.0 接收 ERP 报废信息（非项目设备）

PMS2.0 接收 ERP 报废信息后设备报废。

▶ 第 2 章

运行记录

2.1　变电运行值班日志

2.1.1　调度令记录PO（指PMS2.0与OMS）互联操作流程

2.1.1.1　调度令PO互联应用说明

（1）调度侧：调度已开启调度令接口，调度人员编制调度操作票后会判断是否需要发布预令，如果可以发布预令，则下发预令给运检人员。

（2）运检侧：调度下发预令后，运行人员需要到PMS2.0"调度令记录管理"模块中接受调度下发的预令，待调度电话下达正令后，再到PMS2.0中将预令转成正令，然后进行操作票编制等后续工作。

2.1.1.2　调度侧操作步骤

步骤1▸ 调度人员登录OMS，在菜单中依次选择【调度运行】—【智能操作票[地县调]】，打开系统，见图2-1。

图2-1　调度令

步骤2▸ 预令签收。在主界面菜单中单击【调度指令票管理】，在左侧导航栏依次选择【预令管理】【预令签收】，选择需要签收的预令，单击签收按钮进行签收，见图2-2。

图2-2　预令签收

步骤3 ▸ 关联检修单拟票。在主界面菜单中单击【调度指令票管理】，在左侧导航栏依次选择【调度指令票流程】【关联检修票拟票】，打开检修单视图。

在检修单视图中，单击"图形智能拟票"或"手工拟票"，可以关联检修单进行拟票，见图 2-3。

图 2-3　关联检修单拟票

如果拟票时未关联检修单，可以在指令票视图中，单击"关联检修票"，将指令票与检修单进行关联，见图 2-4。

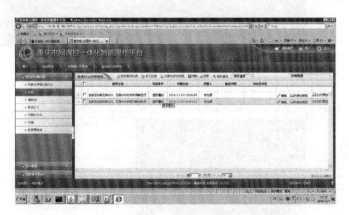

图 2-4　关联检修票

步骤4 ▸ 编制指令票。

1. 图形智能拟票

在主界面菜单中单击【调度指令票管理】，在左侧导航栏依次选择【调度指令票流程】【拟票】，打开拟票环节指令票视图。单击视图中的"图形智能拟票"，见图 2-5。

图 2-5　图形智能拟票

进入图形开票界面后，打开变电站接线图，鼠标右键点击要操作的设备，在弹出菜单中选择操作，系统自动生成操作票内容。在操作票界面可以对操作任务、操作项目等进行编辑，确认无误后单击"保存并提交"。操作过程见图2-6、图2-7。

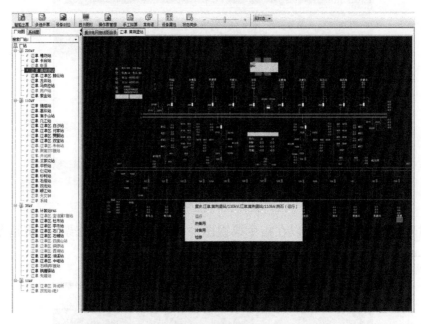

图2-6 调度令一

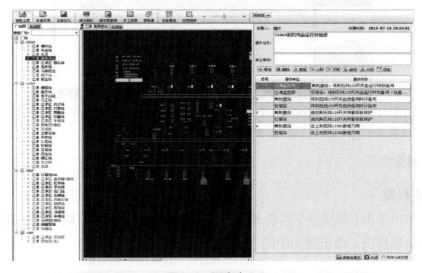

图2-7 调度令二

2. 手工拟票

（1）在主界面菜单中单击【调度指令票管理】，在左侧导航栏依次选择【调度指令票流程】【拟票】，打开拟票环节指令票视图。单击视图中的"手工拟票"，打开编制操作票界面。

（2）在编制操作票界面，可以手工输入操作类型、操作任务、操作单位和操作项目等。

（3）若当前指令的操作单位与上一行相同，可不填写，保存时系统会自动识别。

（4）若不填写项号、序号，保存时系统会自动逐行生成项号和序号，见图2-8。

图2-8　调度指令票

（5）在编制指令票界面，可以单击"旧票重拟"按钮，打开历史票列表。

（6）在历史票界面，可以在列标题"操作任务"下方空白处输入关键词检索历史票。例如，若输入"巴山电容器"（多个关键词需用空格分开），将只列出操作任务含这两个关键词的指令票。

（7）在历史票界面右侧单击"旧票重拟"按钮，可将选择的历史票内容导入编制界面，见图2-9。

图2-9　旧票重拟

步骤5 ▶ 发送审核。在主界面菜单中单击【调度指令票管理】，在左侧导航栏依次选择【调度指令票流程】【拟票】，打开拟票环节指令票视图。

选择要发送审核的指令票，双击打开操作票处理界面，单击"发送"按钮。待发送人员默认为系统"调度正值"用户组中除拟票人外的所有人员。

发送完成后，指令票进入审核环节。

步骤6 ▶ 审核、发送执行及预令。在主界面菜单中单击【调度指令票管理】，在左侧导航栏依次选择【调度指令票流程】【审核】，打开审核环节指令票视图。

选择要审核的指令票，双击打开处理界面，对指令票进行审核。

若审核不通过，可以单击"回退"按钮，将指令票退回到"拟票"环节。

若审核通过，单击"发送"按钮。在打开的发送界面中，待发送人员默认为系统"调度正值""调度副值"用户组中所有人员。

发送完成后，指令票进入执行环节，同时将预令发送到监控、厂站、运维站等操作单位，见图2-10。

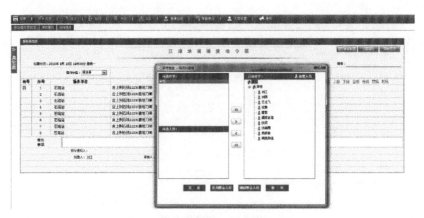

图 2-10　审核、发送执行及预令

2.1.1.3　运检侧操作步骤

步骤1▶ 登录 PMS2.0，进入"运维检修中心—电网运维检修管理—运行值班—运行值班日志"界面，见图 2-11。

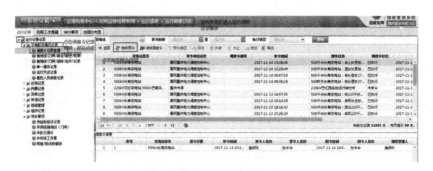

图 2-11　运检侧

步骤2▶ 单击"接受预令"按钮进入接受预令操作页面，单击"OMS"按钮进入 OMS 数据选择界面，见图 2-12。

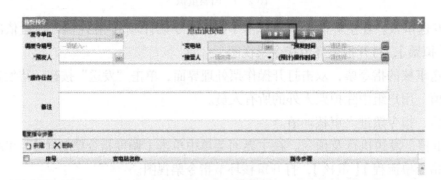

图 2-12　接受预令

步骤3▶ 进入 OMS 数据选择界面，可以查看到维护班组为本班组下的变电站的预令记录，选中记录，然后选择调度指令，最后单击确认，见图 2-13。

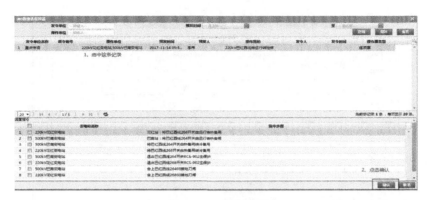

图 2-13 预令记录

步骤 4 在接受预令页面，选择接受人、调度指令步骤后，单击保存，此时会将预令接受信息反馈给调度，见图 2-14。

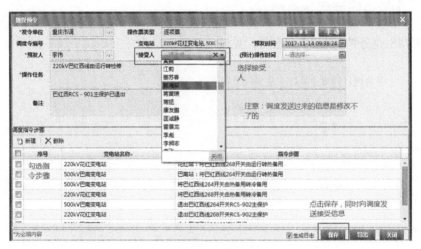

图 2-14 预令保存

步骤 5 待调度电话下达正令后，需要将 PMS2.0 中的预令转成正令。选择上一步操作中的那条预令记录，单击"预令转正"按钮将预令转正，见图 2-15。

图 2-15 预令转正

步骤 6 在预令转正界面需要完善部分信息，带 * 的为必填项，最后单击保存，将预令转正，然后再进行操作票编制、关联调度令等后续工作，见图 2-16。

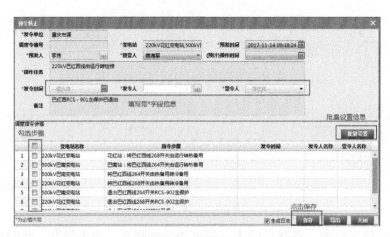

图 2-16 完善信息

2.1.1.4 业务协同流程示意图

PMS2.0 与 OMS 业务协同流程示意图，见图 2-17。

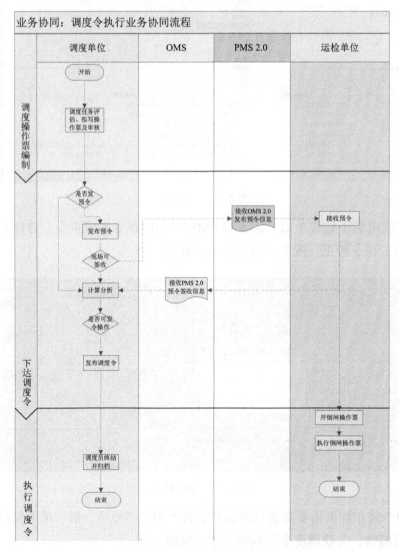

图 2-17 PMS2.0 与 OMS 业务协同流程示意图

【流程说明】：调度人员编制调度操作票，并审核，调度人员判断是否需要发布预令，如果可以发布预令，则下发预令给运检人员（协同点 1）。运检人员接收预令后，需要将接收信息发送给调度人员（协同点 2）。

2.1.2　变电运行日志基础维护

2.1.2.1　值班岗位及安全天数配置

步骤 1 ▶ 运行人员登录 PMS2.0 进行初始化配置。

步骤 2 ▶ 根据图 2-18 所示路径进入"值班岗位及安全天数配置"页面。

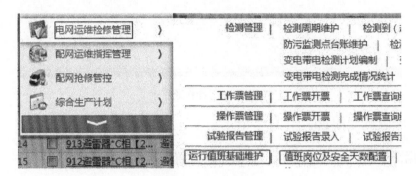

图 2-18　运行日志

步骤 3 ▶ 显示"值班岗位及安全天数配置"模块，见图 2-19。

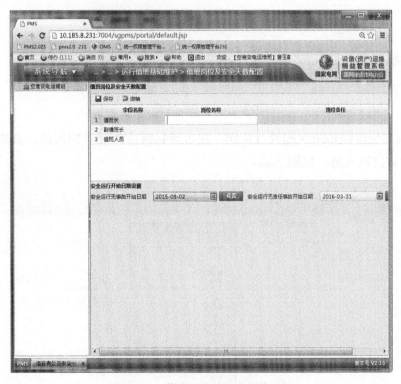

图 2-19　值班岗位及安全天数配置

步骤 4 ▶ 按 1、2、3、4、5 操作顺序进行操作，见图 2-20。

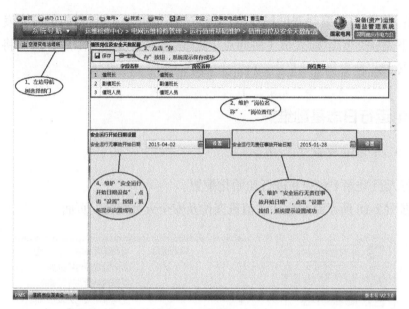

图 2-20 操作顺序

2.1.2.2 值班班次配置

步骤1 根据图 2-21 所示路径进入"值班班次配置"页面，见图 2-21。

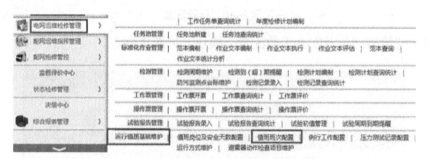

图 2-21 值班班次配置

步骤2 进入"变电值班班次配置"页面，左边导航树选择对应的班组，右边页面根据图 2-22 中 1、2 所示配置常白班人员，见图 2-22。

图 2-22 配置常白班人员

步骤3 ▶ 根据图 2-23 所示 1、2、3 步骤维护相关班次信息。

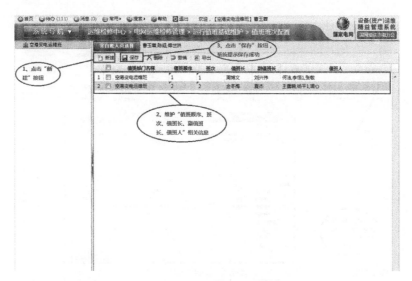

图 2-23　维护相关班次信息

2.1.2.3　例行工作配置

步骤1 ▶ 根据图 2-24 所示路径进入"例行工作配置"页面。

图 2-24　"例行工作配置"页面

步骤2 ▶ 在"例行工作配置"标签页根据图 2-25 中 1、2、3、4 操作步骤维护例行工作信息。

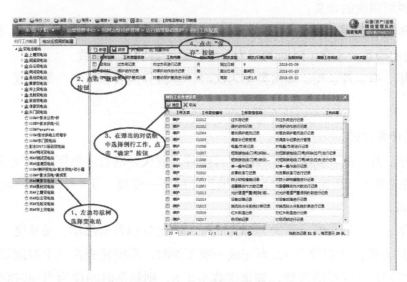

图 2-25　维护例行工作信息

步骤3 在"电站巡视周期配置"标签页根据图 2-26 所示 1、2 操作步骤维护电站巡视周期信息。

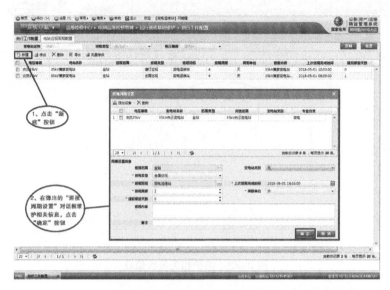

图 2-26　维护电站巡视周期信息

1. 例行维护工作关键信息说明

变电站例行工作维护用来配置变电站的各种例行工作，用于运行值班日志登记时进行提示作用。变电站例行工作维护中有 3 个信息特别重要：时间类型、频次类型、频次，这几个信息共同决定了某项工作到期时间的计算。

（1）时间类型：指某项例行工作的周期。系统支持年、季、月、周。

（2）频次类型：指例行工作的工作方式，包括固定日期和次两种，固定日期表示这项工作固定在某个时间进行，如每周一、每个月 15 号等。次表示这项工作在一段时间内需要进行几次，但是具体什么时间进行固定不下来。

（3）频次：表示一个固定日期和次数。频次的含义根据时间类型和频次类型发生改变。下面根据不同情况详细说明频次的含义。

时间类型为年、月、周，频次类型为固定日期时，频次分别表示每年的 ×× 月 ×× 日、每月的 ×× 日、每周的周几。注意：时间类型为季时，固定日期没有函数。

时间类型为年、季、月、周，频次类型为次时，频次分别表示每年、每季度、每月、每周进行 ×× 次。

2. 到期时间计算方式

时间类型为年、月、周，频次类型为固定日期时，频次分别表示每年的 ×× 月 ×× 日、每月的 ×× 日、每周的周几。到期日期是完成这项工作的下一年度、下一月、下一周根据"频次"信息设定的那个时间。

时间类型为年、季、月、周，频次类型为次时，频次分别表示每年、每季度、每月、每周进行 ×× 次，为了说明方便，我们设为 n，当完成一项工作时，系统检查在这个时间段（年、季、月、周，根据时间类型确定）完成的次数，如果次数小于 n，则到期时间设为当前时间，因为次数还不够，还没有完成该工作。如果次数等于 n，说明这个时间段以及完成了该工作，则到期时间设为下一时间段的第一天，如下一年度的 1 月 1 日，下一季度的第 1 天，下一月的 1 日，下一周的周一。

3. 一些示例

每个月 1 日进行的工作：时间类型设为月、频次类型设为固定日期，频次设为 1。

每周周三进行的工作：时间类型设为周、频次类型设为固定日期，频次设为 3。

每个月 1 日和 15 日都要进行的一项工作：这种工作需要使用两条记录来设置，一条记录时间类型设为月，频次类型设为固定日期，频次设为 1；一条记录时间类型设为月，频次类型设为固定日期，频次设为 15。

一周进行两次的工作，不明确每周几完成。时间类型设为周，频次类型设为次，频次设为 2。

注：时间类型为季度，频次类型不能为固定日期。

2.1.2.4　压力测试记录配置

步骤 1▸ 根据图 2-27 所示路径进入"压力测试记录配置"页面。

图 2-27　"压力测试记录配置"页面

步骤 2▸ 选择左边导航树变电站，右边选择"检测类型"，单击"新建"按钮，见图 2-28。

图 2-28　检测类型

步骤 3▸ 在弹出的对话框中根据图 2-29 所示操作。

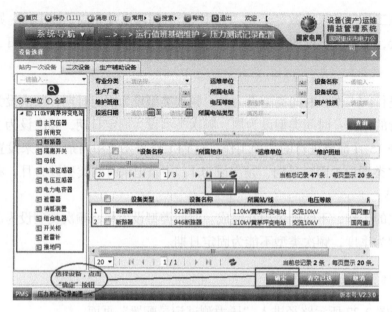

图 2-29 选择设备

完成压力测试记录配置，见图 2-30。

图 2-30 完成压力测试记录配置

2.1.2.5 运行方式维护及修改

1. 运行方式维护

步骤1▶ 根据图 2-31 所示路径进入"运行方式维护"页面。

图 2-31 运行方式维护

步骤2 在"运行方式维护"模块中，左边导航树选择变电站。

步骤3 编辑该变电站的运行方式内容，单击"保存"按钮。提示"保存数据成功"，见图 2-32。

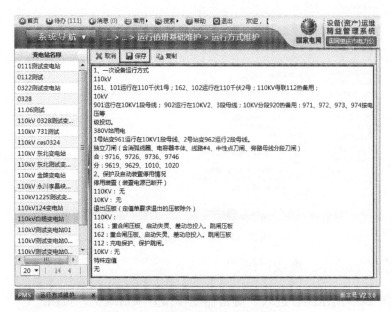

图 2-32　编辑运行方式内容并保存

2. 运行方式批量维护

在左边导航树选择运行方式维护完整的变电站，再单击"复制"按钮，弹出"变电站选取页面"，手动选择目标变电站，单击"确定"按钮，系统提示"复制成功"，见图 2-33。

图 2-33　变电站选取页面

3. 运行方式修改

选择左边导航树对应的变电站，在运行方式编辑页修改相关内容，单击"保存"按钮，系统提示"保存数据成功"，见图 2-34。

图 2-34 运行方式维护保存

2.1.2.6 避雷器动作检查项目维护

步骤1▸ 根据图 2-35 所示路径进入"避雷器动作检查项目维护"页面。

图 2-35 "避雷器动作检查项目维护"页面

步骤2▸ 在左边导航树选择指定变电站，右边选择"新建"按钮；在弹出的避雷器选择网页对话框页面勾选避雷器，单击"确定"按钮，系统提示"保存成功"，见图 2-36。

图 2-36 勾选避雷器

步骤 3 ▸ 如图 2-37 所示，维护相关字段信息，单击“保存”。

维护相关避雷器动作检查项目字段信息，点击“保存”，系统提示“保存成功”

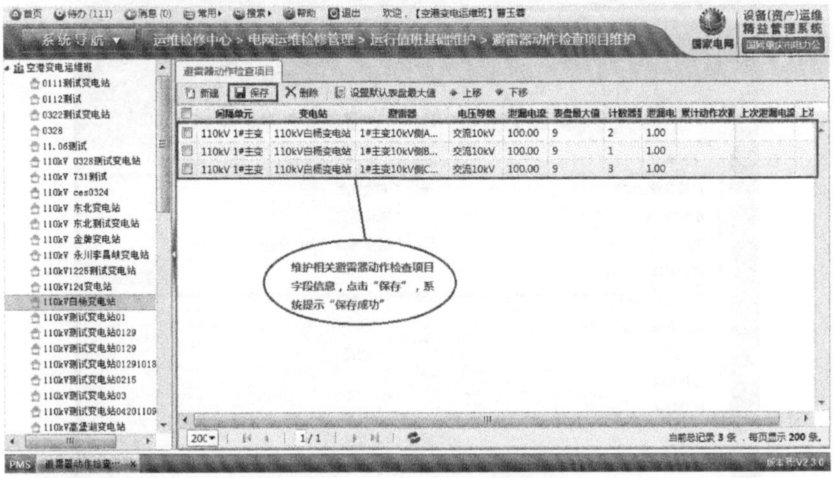

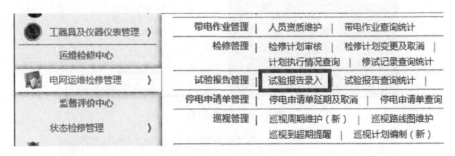

图 2–37　维护相关字段信息

2.2　设备试验报告操作流程

注：变电、配电的试验报告操作流程一致，下面以变电试验报告流程举例。

试验报告业务场景：试验报告业务在检修设备过程中发现设备存在问题时，通过电气检修班组对设备进行试验，再根据试验模板填写试验数据，最终归档作为该设备的试验结果。

试验报告编制

步骤 1 ▸ 变电电器试验班组人员登录 PMS2.0。

步骤 2 ▸ 进入“实验报告录入”菜单，见图 2-38。

工器具及仪器仪表管理
运维检修中心
电网运维检修管理
监督评价中心
状态检修管理
带电作业管理
人员资质维护
带电作业查询统计
检修管理
检修计划审核
检修计划变更及取消
计划执行情况查询
修试记录查询统计
试验报告管理
试验报告录入
试验报告查询统计
停电申请单管理
停电申请单延期及取消
停电申请单查询
巡视管理
巡视周期维护（新）
巡视路线图维护
巡视到超期提醒
巡视计划编制（新）

图 2–38　试验报告录入

步骤 3 ▸ 单击“新建”，填写试验报告数据，见图 2-39。

图 2-39 填写试验报告数据

步骤4 选择设备信息，见图 2-40 ～ 图 2-42。

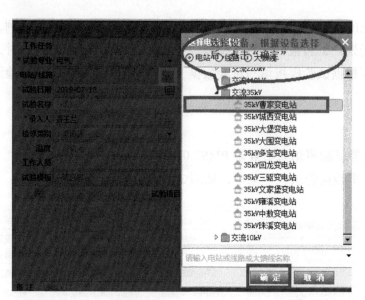

图 2-40 设备信息一

图 2-41 设备信息二

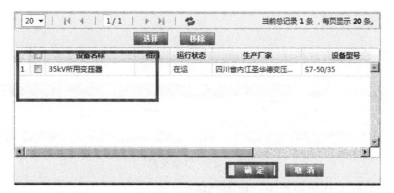

图 2-42　设备信息三

步骤 5 ▶ 单击 "生成" 试验名称，见图 2-43。

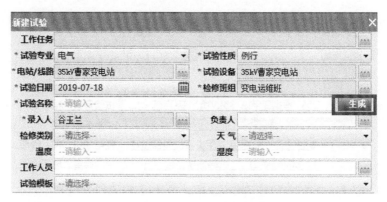

图 2-43　"生成" 试验名称

步骤 6 ▶ 选择试验项目，见图 2-44。

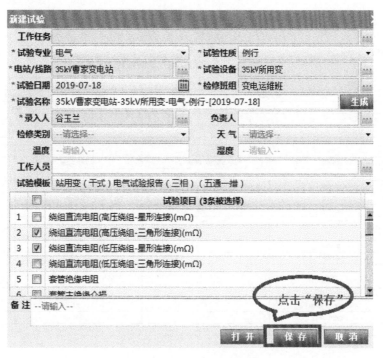

图 2-44　选择试验项目

2.2.2 试验报告审核

步骤1▸ 选中该试验报告，单击"启动流程"，见图 2-45。

图 2-45　启动流程

步骤2▸ 将班组审核人员选到右边，单击"确定"。

步骤3▸ 班组审核人员的账号登录 PMS2.0，单击"待办"。

步骤4▸ 找到待办任务，单击试验报告的任务名称，见图 2-46。

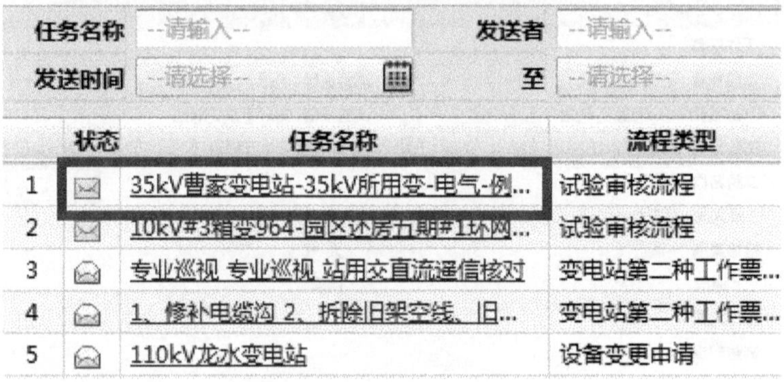

	状态	任务名称	流程类型
1	✉	35kV曹家变电站-35kV所用变-电气-例...	试验审核流程
2		10kV#3精变964-园区还房五期#1环网...	试验审核流程
3	✉	专业巡视 专业巡视 站用交直流遥信核对	变电站第二种工作票...
4	✉	1、修补电缆沟 2、拆除旧架空线、旧...	变电站第二种工作票...
5	✉	110kV龙水变电站	设备变更申请

图 2-46　待办任务

步骤5▸ 填写试验报告数据，见图 2-47。

站用变电气试验报告（三相）

变电站	35kV曹家变电站	运行编号	35kV	委托单位	变电运维站
试验单位	电气试验班	试验性质	例行	试验日期	2019-06-25
编制人	余荣庆	审核人	余荣庆	批准人	陈博
试验天气	晴		温度(℃)	27	湿度(%)	70
报告日期	2019-07-01	试验人员	蔡明棒		

相别	A	B	C
设备名称	35kV所用变压器	35kV所用变压器	35kV所用变压器
生产厂家	四川省内江圣华德变压器有限责任公司	四川省内江圣华德变压器有限责任公司	四川省内江圣华德变压器有限责任公司
额定电压(kV)	35	35	35
出厂日期	2005-02-09	2005-02-09	2005-02-09
出厂编号	072000	072000	072000
额定容量(kVA)	50	50	50
型号	S7-50/35	S7-50/35	S7-50/35
接线组别			
电压组合			
容量组合			
电流组合			
阻抗电压(%)（高—低）			
短路损耗(kW)（高—低）	9	9	9
空载电流（%）	3.7	3.7	3.7
空载损耗(kW)	10	10	10

温度：27.0℃ 湿度：70.0%

图 2-47　填写试验报告数据

步骤6 ▶ 单击"审核单"选择审核结论为"通过",并单击"发送",见图 2-48。

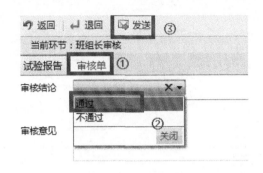

图 2-48 审核单

步骤7 ▶ 选择工区审核人员到右边,单击"确定"。

步骤8 ▶ 工区审核人员的账号登录 PMS2.0。

步骤9 ▶ 找到待办任务,单击试验报告的任务名称。

步骤10 ▶ 单击"审核单"选择审核结论为"通过",并点击"发送"。点选操作流程参照图 2-48。

步骤11 ▶ 选择"结束",单击"确定"。该试验报告的流程已结束。

2.3 设备巡视操作流程

2.3.1 变电周期性巡视记录

2.3.1.1 巡视周期维护

步骤1 ▶ 根据如下图所示路径进入"例行工作配置"页面。详情见图 2-49 变电巡视周期。

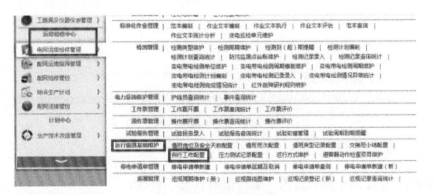

图 2-49 变电巡视周期

步骤2 ▶ 在"例行工作配置"页面选择"电站巡视周期配置",如下图所示按 1、2、3 顺序进行操作,只有变电站巡视类型为"特殊、全面、例行、熄灯巡视"周期在此页面进行维护。详情见图 2-50 变电巡视周期。

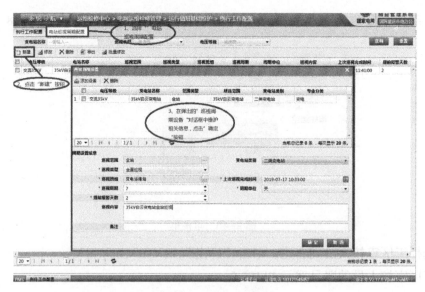

图 2-50 变电巡视周期

步骤3 根据图 2-51 所示，巡视周期维护成功，系统会自动生成一条"已发布"状态的巡视计划。

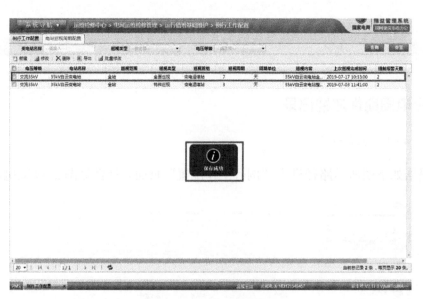

图 2-51 变电巡视周期

2.3.1.2 巡视记录登记

步骤1 根据图 2-52 所示路径进入"运行值班日志"页面。

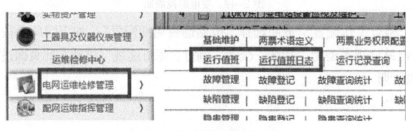

图 2-52 "运行值班日志"页面

步骤2 如图 2-53 所示，在左边导航树选择"设备巡视检查记录"，单击"新建"按钮。

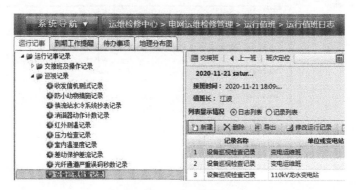

图 2-53 变电巡视记录

步骤3 已发布的巡视计划才会出现在"运行值班日志"页面，如图 2-54 所示，选择"已发布"的巡视计划，单击"作业文本"按钮，新建作业文本。

图 2-54 作业文本

步骤4 单击"作业文本"，弹出新建作业文本对话框。

步骤5 单击"新建"按钮，弹出如图 2-55 所示作业文本编制对话框，可根据实际情况选择"参照范本、参照历史作业文本、参照标准库、手工创建"四种方式编制作业文本，然后单击"确定"按钮。

图 2-55 作业文本编制对话框

步骤6 在弹出的"作业文本详情"对话框页面填写作业文本相关信息，带 * 号字段为必填项，然后单击"保存"按钮，系统提示"保存成功"，单击"关闭"按钮，见图 2-56。

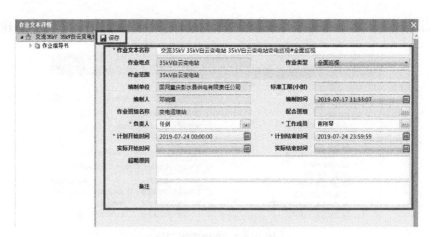

图 2-56　填写作业文本相关信息

步骤 7 ▶ 回到"编制作业文本"对话框，显示该条已新建完成的作业文本记录。注：作业文本编制时选择"参照历史作业文本"则生成的作业文本流程状态为"审核完成"，不需要走相关审核流程；选择"手工创建"生成的作业文本流程状态为"草稿"，需要单击"启动流程"按钮，进行作业文本流程审核操作，见图 2-57。

图 2-57　作业文本记录

步骤 8 ▶ 选择该条作业文本，单击"填写执行信息"，见图 2-58。

图 2-58　填写执行信息

步骤 9 ▶ 根据图 2-59 1、2、3 所示操作，系统提示作业文本执行成功，作业文本状态由"审核完成"更新为"已执行"。注：作业文本执行后才能登记巡视记录。

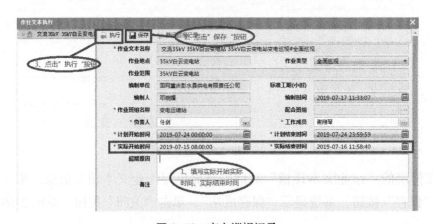

图 2-59　变电巡视记录

步骤 10 ▸ 在图 2-60 所示页面上方勾选已执行作业文本的巡视计划，页面下方单击"登记巡视记录"按钮。

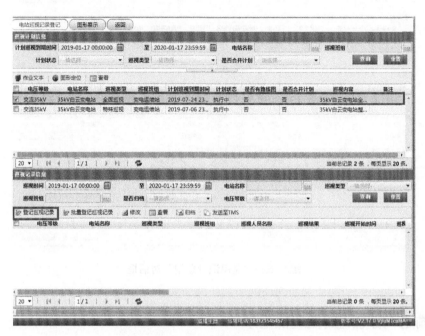

图 2-60　变电巡视记录

步骤 11 ▸ 单击"登记巡视记录"按钮，弹出如图 2-61 所示对话框，输入巡视记录相关信息，单击"保存"按钮。

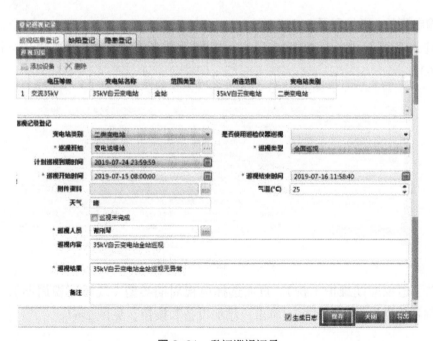

图 2-61　登记巡视记录

步骤 12 ▸ 回到"巡视记录登记"对话框，勾选该条巡视记录，单击"归档"按钮，系统提示"归档成功"，该条巡视记录是否归档字段更新为"是"，见图 2-62。

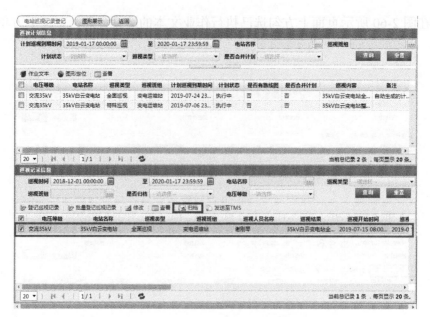

图 2-62 "巡视记录登记"对话框

2.3.2 输电／配电周期性巡视记录

注：输电／配电两个专业操作流程一致，下面以输电周期性巡视记录操作流程为例。

2.3.2.1 巡视周期维护

步骤1 ▶ 输电班长／班员登录 PMS2.0。

步骤2 ▶ 进入系统导航＞运维检修中心＞电网运维检修管理＞巡视管理＞巡视周期维护（新），见图 2-63。

图 2-63 输电巡视周期

步骤3 ▶ 在"巡视周期维护（新）"页面选择巡视周期类型（线路巡视周期），单击"新建"按钮，弹出"巡视周期设置"对话框，单击"添加设备"按钮，见图 2-64。

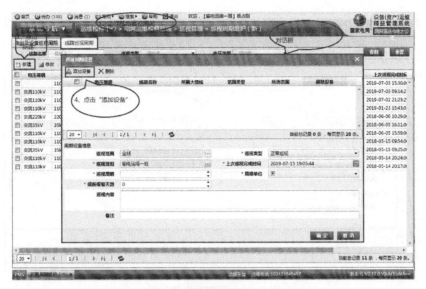

图 2-64　"巡视周期维护（新）"页面

步骤4　弹出设备选择对话框，选择相关设备，单击 [V] 按钮，加入已选框中，单击"确定"按钮，见图 2-65。

注：线路设备若同一条线路存在多个班组运维，巡视周期维护需选择自己班组运维段设备（选择具体杆塔段或电缆）。

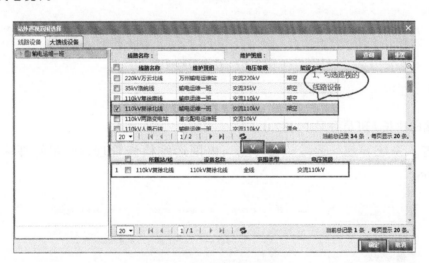

图 2-65　设备选择对话框

步骤5　弹出周期设置信息框，完善周期设置信息，单击"确定"按钮（同一条线路或站房只能维护一条周期信息），见图 2-66。

注：当周期保存后，巡视计划会根据周期、上次巡视完成时间和巡视周期，自动生成下次巡视计划信息。

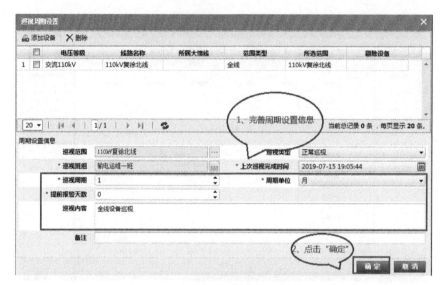

图 2-66　周期设置信息框

步骤6 保存成功后巡视周期记录加入巡视周期列表中，见图 2-67。

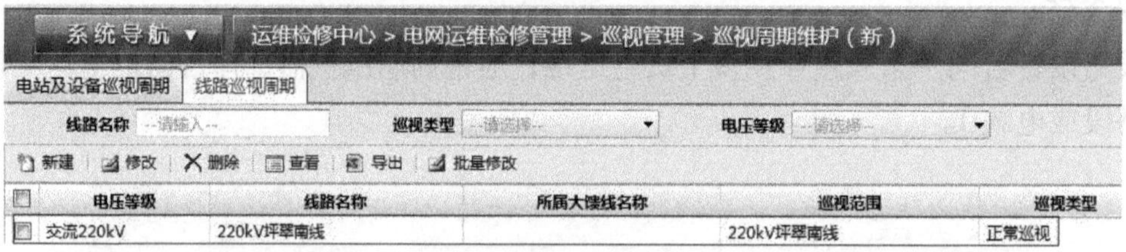

图 2-67　巡视周期列表

2.3.2.2　巡视计划编制

步骤1 输电班长 / 班员登录 PMS2.0。

步骤2 进入系统导航 > 运维检修中心 > 电网运维检修管理 > 巡视管理 > 巡视计划编制（新），见图 2-68。

图 2-68　输电巡视计划

步骤3 在"巡视计划编制（新）"页面，选择对应巡视计划类型（线路巡视计划），根据过滤条件，查询出根据周期自动生成计划，见图 2-69。

图 2-69 "巡视计划编制(新)"页面

步骤4 勾选已生成的巡视计划,单击"计划发布"按钮,见图 2-70。

图 2-70 计划发布

步骤5 弹出发布确认对话框,单击"确定"按钮。

步骤6 单击确定后计划状态由"编制"改为"已发布",也可通过"取消发布"按钮将已发布的计划改为编制状态。

2.3.2.3 巡视记录登记

步骤1 输电班长 / 班员登录 PMS2.0。

步骤2 进入系统导航 > 运维检修中心 > 电网运维检修管理 > 巡视管理 > 巡视记录登记(新),见图 2-71。

图 2-71 巡视记录登记

步骤3 在"巡视记录登记（新）"页面，选择对应巡视计划类型（线路巡视记录登记），已发布的巡视计划才会出现在"巡视记录登记"页面，见图2-72。

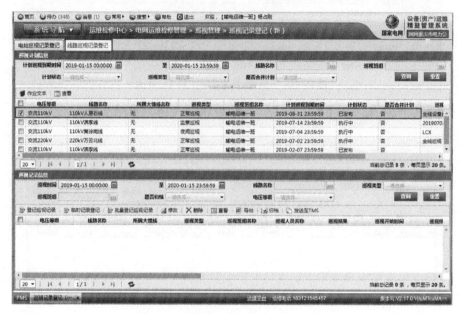

图2-72 "巡视记录登记（新）"页面

步骤4 选择已发布的巡视计划，单击"作业文本"按钮，新建作业文本，见图2-73。

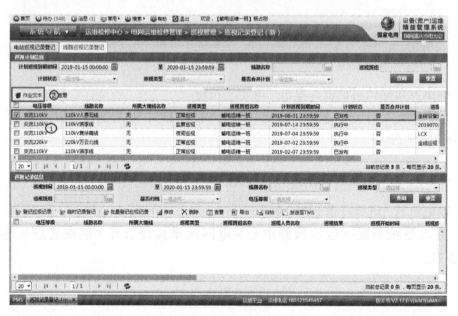

图2-73 新建作业文本

步骤5 弹出编制作业文本对话框，单击"新建"按钮。

步骤6 弹出作业文本编制对话框，可根据"参照范本、参照历史作业文本、参照标准库、手工创建"编制作业文本，然后单击"确定"按钮，见图2-74。

图 2-74　作业文本编制

步骤 7 ▶ 在弹出的"作业文本详情"对话框页面填写作业文本相关信息，带 * 号字段为必填项，然后单击"保存"按钮，系统提示"保存成功"，单击"关闭"按钮，见图 2-75。

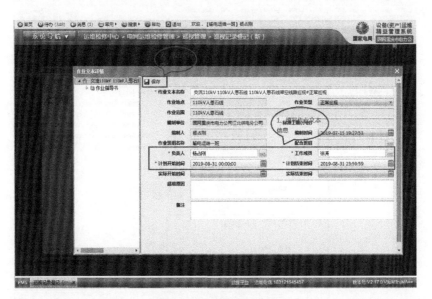

图 2-75　作业文本详情

步骤 8 ▶ 回到"编制作业文本"对话框，勾选作业文本，单击"启动流程"按钮，见图 2-76。

图 2-76　启动流程

步骤9 在弹出的发送人选择对话框页面在左边导航树选择一个班组审核人员，右边单击"确定"按钮，系统提示"发送成功"，计划状态由"已发布"自动改为"执行中"。

步骤10 审核人员登录PMS2.0。

步骤11 在"待办任务"中选择该条作业文本任务，单击点开审核，见图2-77。

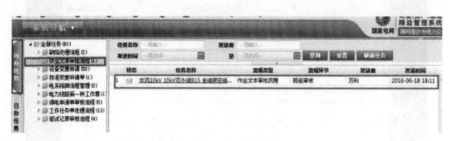

图2-77 作业文本审核

步骤12 根据①填写审核意见和审核人签名，根据②单击发送按钮，发送下一环节，见图2-78。

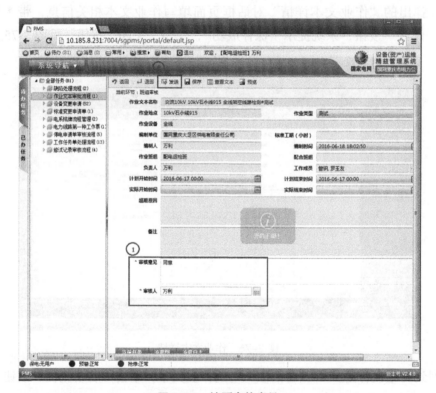

图2-78 填写审核意见

步骤13 在弹出的发送人选择对话框页面在左边导航树选择一个工区审核人员，右边单击"确定"按钮，退出当前账号。

步骤14 工区审核人员登录PMS2.0。

步骤15 在"待办任务"中选择该条作业文本任务，单击点开审核。

步骤16 输入工区审核意见、审核人，单击"发送"按钮。

步骤17 双击"发布"至右边选择框，单击"确定"按钮，系统提示"执行成功"。

步骤 18 ▸ 输电班长 / 班员登录 PMS2.0。

步骤 19 ▸ 进入系统导航 > 运维检修中心 > 电网运维检修管理 > 巡视管理 > 巡视记录登记（新），见图 2-79。

图 2-79　进入系统导航

步骤 20 ▸ 在"巡视记录登记（新）"页面选择该条审核完成的作业文本巡视计划，单击"作业文本"按钮，见图 2-80。

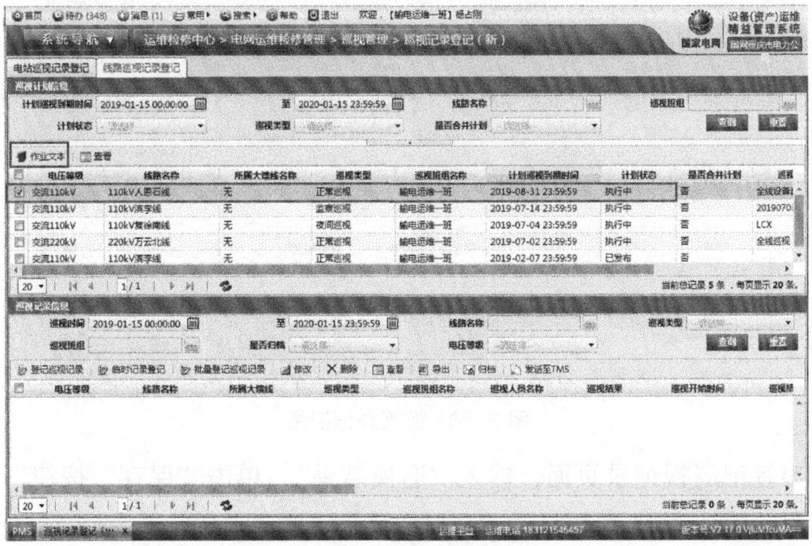

图 2-80　作业文本巡视计划

步骤 21 ▸ 选择该条作业文本，单击"填写执行信息"，见图 2-81。

图 2-81　填写执行任务

步骤 22 ▸ 根据图 2-82 填写执行信息，单击"保存"，单击"执行"按钮，作业文本状态由"审核完成"更新为"已执行"，见图 2-82。

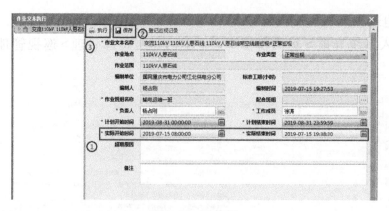

图 2-82 已执行

步骤 23 ▶ 选择对应执行中巡视计划，单击"登记巡视记录"按钮，见图 2-83。

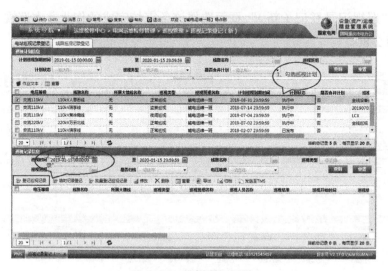

图 2-83 巡视登记记录

步骤 24 ▶ 弹出登记巡视记录页面，输入"巡视结果"，单击"保存"按钮，保存巡视记录信息，见图 2-84。

注：根据计划编制正常巡视记录，当记录保存后巡视周期会自动更新上次巡视时间，并在巡视计划编制模块自动生成下次巡视计划。

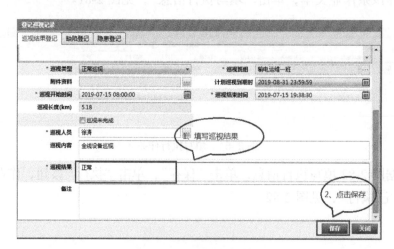

图 2-84 填写巡视结果

步骤 25 ▶ 回到"巡视记录登记"对话框勾选登记的巡视记录，单击"归档"按钮，系统提示"归档"成功，见图 2-85。

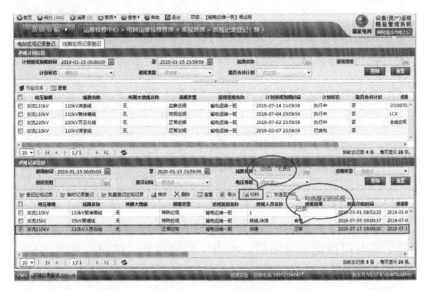

图 2-85　输电巡视登记

2.3.3　临时巡视记录登记

注：临时巡视输电、变电、配电三个专业操作流程一致，下面以配电临时巡视记录操作流程为例。

步骤 1 ▶ 配电班长 / 班员登录 PMS2.0。

步骤 2 ▶ 进入系统导航 > 运维检修中心 > 电网运维检修管理 > 巡视管理 > 巡视记录登记（新），见图 2-86。

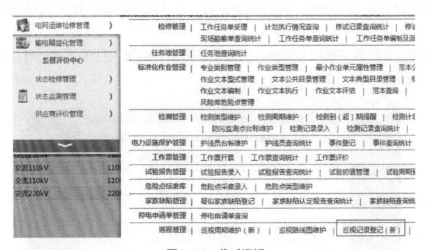

图 2-86　临时巡视

步骤 3 ▶ 在"巡视记录登记（新）"页面，选择对应巡视计划类型（电站巡视记录登记 / 线路巡视记录登记），单击"临时记录登记"按钮，见图 2-87。

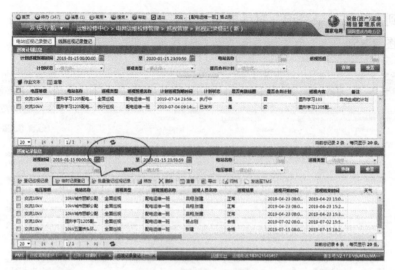

图 2-87　临时记录登记

步骤4▶ 弹出登记临时巡视记录对话框，单击"添加设备"按钮，见图 2-88。

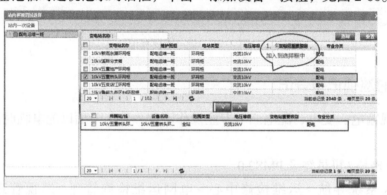

图 2-88　设备选择对话框

步骤5▶ 弹出设备选择对话框，选择相关设备，单击[　▼　]按钮，加入到已选框中，单击"确定"按钮。

步骤6▶ 弹出登记临时巡视记录页面，完善巡视结果、巡视人员等基本信息，单击"保存"按钮，保存巡视记录信息，见图 2-89。

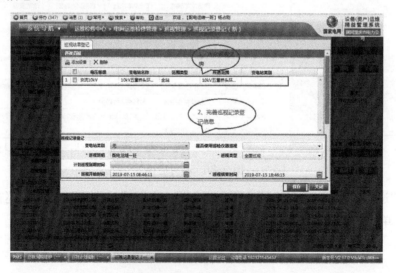

图 2-89　登记临时巡视记录

步骤7 回到"巡视记录登记"对话框,勾选登记的巡视记录,单击"归档"按钮,系统提示"归档"成功,见图 2-90。

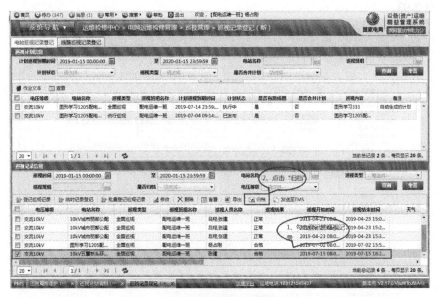

图 2-90 "归档"成功

2.4 设备检测操作流程

注:输电、变电、配电三个专业操作流程一致,下面以配电专业为例。

2.4.1 检测周期维护

步骤1 运行专责 / 配电运行班长登录 PMS2.0。

步骤2 在系统菜单栏里选择"系统导航 > 运维检修中心 > 电网运维检修管理 > 检测管理 > 检测周期维护"进入该页面,见图 2-91。

图 2-91 检测周期

步骤3 在"检测周期维护"页面选择检测周期类型(包含线路检测周期维护、线路设备检测周期维护、站内一次设备检测周期维护、大馈线选择设备周期维护),见图 2-92。

图 2-92 "检测周期维护"页面

步骤4 选择检测周期类型，根据②在左边导航树选择检测周期线路，根据③单击"新建"按钮，弹出新建线路检测周期维护对话框，根据④选择周期模板，维护检测类型周期信息，单击"确定"按钮，见图2-93。

图2-93 选择检测周期类型

步骤5 维护好的检测周期，可以进行修改、删除，见图2-94。

图2-94 检测周期

注：线路设备检测周期维护、站内一次设备检测周期维护也类似维护。

2.4.2 检测计划编制

步骤1 运行专责/配电运行班长登录PMS2.0。

步骤2 在系统菜单栏里选择"系统导航＞运维检修中心＞电网运维检修管理＞检测管理＞检测计划编制"进入该页面，见图2-95。

图2-95　检测计划

步骤3 进入检测计划编制维护页面，包含线路检测计划编制、线路设备检测计划编制、站内一次设备检测计划编制、大馈线检测计划编制，见图2-96。

图2-96　检测计划编制维护页面

步骤4 单击"按周期新建"按钮，根据到期时间进行筛选，选择对应检测周期信息，单击"生成"按钮，生成检测计划，见图2-97。

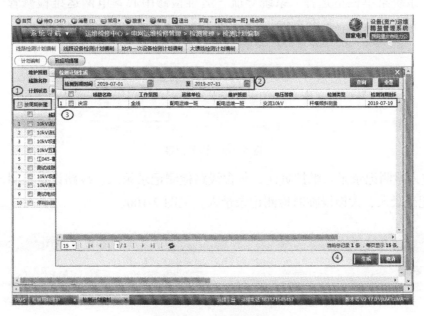

图2-97　生成检测计划

步骤5 返回检测计划编制页面，根据①选择检测计划记录，根据②单击"发布"按钮，根据③弹出检测计划发布确认对话框，根据④单击"确定"按钮发布检测计划，见图2-98。

注：1）计划没发布之前，可单击调整计划按钮，调整计划。

2）计划发布后，可单击"取消发布"按钮，取消计划。

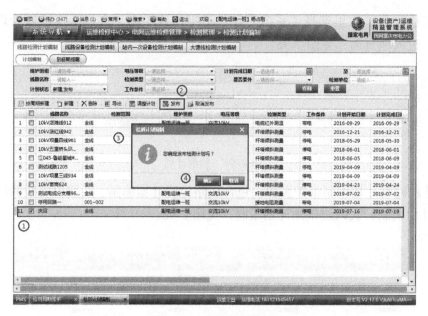

图 2-98　发布检测计划

2.4.3　检测记录录入

2.4.3.1　计划性检测记录录入

步骤 1▶ 配电班长 / 班员登录 PMS2.0。

步骤 2▶ 在系统菜单栏里选择"系统导航 > 运维检修中心 > 电网运维检修管理 > 检测管理 > 检测记录录入"进入该页面，见图 2-99。

图 2-99　检测记录

步骤 3▶ 进入检测记录录入维护页面，包含线路检测记录录入、线路设备检测记录录入、站内一次设备检测记录录入、大馈线临时检测记录录入，见图 2-100。

图 2-100　检测记录

步骤 4▶ 已发布的检测计划才会出现在"检测记录录入"页面，根据①选择计划检测，根据②选择已发布的检测计划，根据③单击"作业文本"按钮，新建作业文本，见图 2-101。

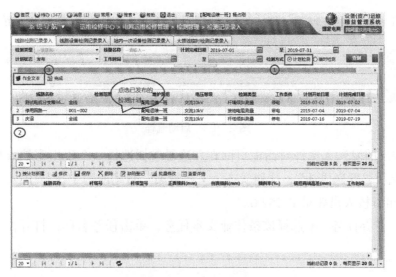

图 2-101　新建作业文本

步骤 5 ▶ 单击"作业文本",弹出新建作业文本对话框。

步骤 6 ▶ 单击"新建"按钮,弹出作业文本编制对话框,可根据"参照范本、参照历史作业文本、参照标准库、手工创建"编制作业文本,然后单击"确定"按钮,见图 2-102。

图 2-102　作业文本编制

步骤 7 ▶ 填写"作业文本详情"相关信息,带 * 号字段为必填项,然后单击"保存"按钮,系统提示"保存成功",关闭对话框,见图 2-103。

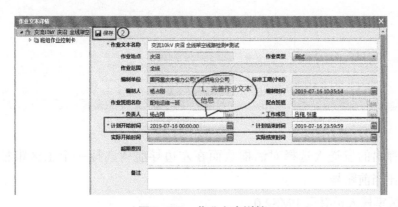

图 2-103　作业文本详情

步骤8 回到"编制作业文本"对话框，勾选作业文本，单击"启动流程"按钮，见图2-104。

图2-104 启动流程

步骤9 在弹出的发送人选择对话框页面在左边导航树选择一个班组审核人员，右边单击"确定"按钮，系统提示"发送成功"，计划状态由"已发布"自动改为"执行中"，退出当前账号。

步骤10 班组审核人员登录PMS2.0。

步骤11 在"待办任务"中选择该条作业文本任务，单击任务名称，打开作业文本审核页面，见图2-105。

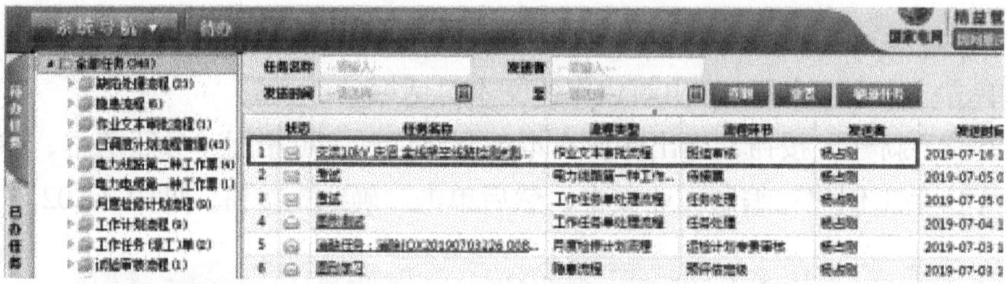

图2-105 作业文本审核页面

步骤12 根据①填写审核意见和审核人签名，根据②单击发送按钮，发送下一环节，见图2-106。

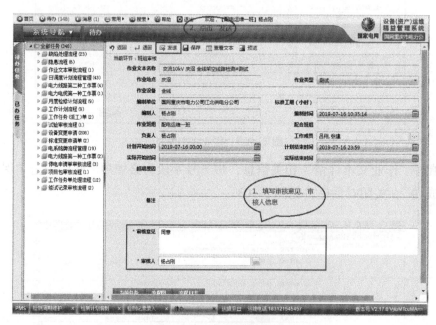

图2-106 填写审核意见

步骤13 在弹出的发送人选择对话框页面在左边导航树选择一个工区审核人员，右边单击"确定"按钮，退出当前账号。

步骤14 工区审核人员登录PMS2.0。

步骤 15 ▸ 在"待办任务"中选择该条作业文本任务，单击任务名称，打开作业文本审核页面。

步骤 16 ▸ 填写审核意见和审核人签名，单击发送按钮，发送下一环节。此点选操作步骤可参考图 2-106。

步骤 17 ▸ 在弹出的发送人选择对话框页面双击"发布"至右边选择框，单击"确定"按钮，系统提示"执行成功"。

步骤 18 ▸ 配电班长 / 班员登录 PMS2.0。

步骤 19 ▸ 在系统菜单栏里选择"系统导航 > 运维检修中心 > 电网运维检修管理 > 检测管理 > 检测记录录入"进入该页面。详情见图 2-107 检测记录。

图 2-107　系统菜单栏

步骤 20 ▸ 在"检测记录录入"页面选择该条审核完成的作业文本检测计划，单击"作业文本"按钮，见图 2-108。

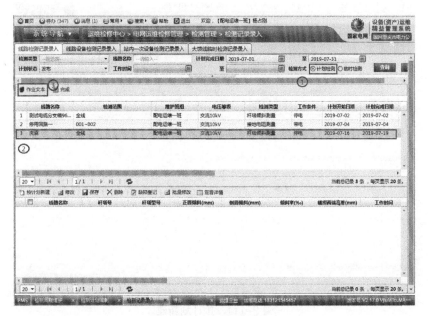

图 2-108　检测记录录入

步骤 21 ▸ 选择该条作业文本，单击"填写执行信息"，见图 2-109。

图 2-109　填写执行信息

步骤22 ▸ 根据①填写实际工作时间，根据②单击保存，根据③单击执行按钮执行作业文本，系统提示作业文本执行成功，作业文本状态由"审核中"更新为"已执行"，见图2-110。

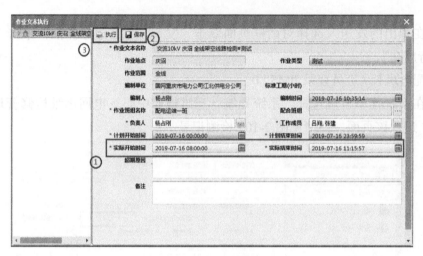

图 2-110　已执行

步骤23 ▸ 返回检测记录录入页面，根据①单选已执行作业文本检测计划，根据②单击"按计划新建"按钮，见图2-111。

图 2-111　按计划新建

步骤24 ▸ 弹出检测设备对话框，选择检测设备，单击"确定"按钮，见图2-112。

步骤25 ▸ 根据设备生成检测记录，选中检测记录，单击"修改"按钮，见图2-113。

步骤26 ▸ 弹出检测记录信息对话框，完善检测信息，单击"保存"按钮，见图2-114。

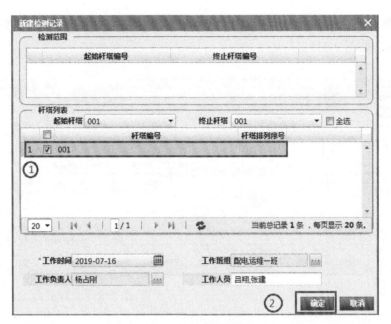

图 2-112 选择检测设备

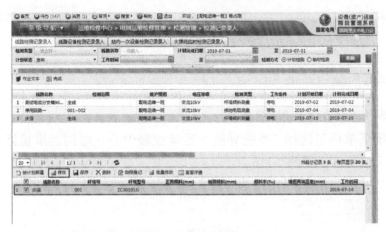

图 2-113 选中检测记录

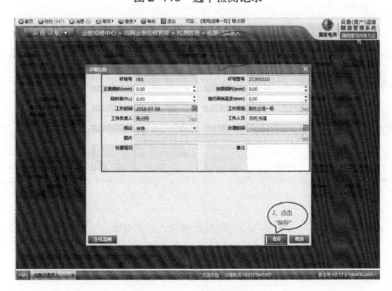

图 2-114 完善检测信息

步骤27 ▶ 选择检测记录信息，单击完成，弹出完成计划对话框，单击"确定"按钮，完成计划和归档检测记录，见图 2-115。

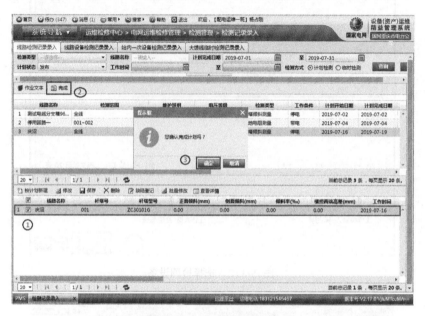

图 2-115 归档检测记录

2.4.3.2 临时检测记录录入

步骤1 ▶ 配电班长／班员登录 PMS2.0。

步骤2 ▶ 在系统菜单栏里选择"系统导航 > 运维检修中心 > 电网运维检修管理 > 检测管理 > 检测记录录入"进入该页面，见图 2-116。

图 2-116 临时检测记录

步骤3 ▶ 进入检测记录录入维护页面，包含线路检测记录录入、线路设备检测记录录入、站内一次设备检测记录录入、大馈线临时检测记录录入，见图 2-117。

图 2-117 检测记录录入维护页面

步骤 4 ▸ 根据①选择临时检测，根据②单击"新建"按钮，新建临时检测记录，见图 2-118。

图 2-118　新建临时检测记录

步骤 5 ▸ 弹出检测记录对话框，选择检测线路、检测类型，勾选设备，单击"确定"，生成检测记录，见图 2-119。

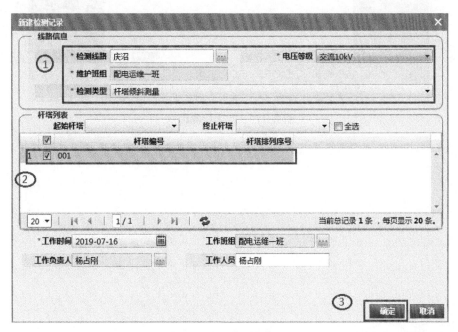

图 2-119　生成检测记录

步骤 6 ▸ 根据设备生成检测记录，选中检测记录，单击"修改"按钮，见图 2-120。

图 2-120　修改

步骤7 ▶ 弹出检测记录信息对话框，完善检测信息，单击"保存"按钮，见图 2-121。

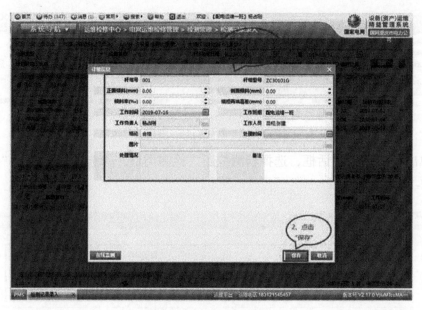

图 2-121　完善检测信息

▶ 第 3 章

检修大流程

3.1 检修（停电）操作流程

注：输电、变电、配电三个专业操作流程一致，下面以配电专业为例。

3.1.1 检修／计划专责编制任务池任务

步骤1 检修／计划专责登录 PMS2.0。

步骤2 检修／计划专责在"**系统导航—电网运维检修管理—任务池管理—任务池新建**"打开模块，见图 3-1。

图 3-1 任务池新建

步骤3 单击"新建"，弹出任务对话框。

步骤4 在新建任务对话框里单击"新建"，进入设备选择页面。

步骤5 页面中可根据设备类型查询设备，选择要检修的设备，单击 ▽ 按钮选择设备，再单击"确定"返回新建任务对话框，见图 3-2。

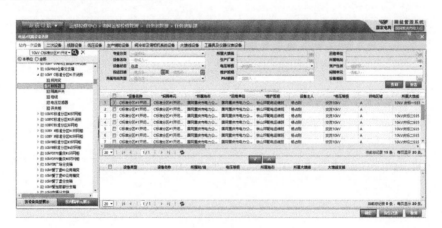

图 3-2 查询设备

步骤6 修改任务池相关参数信息，如"是否停电、检修分类、作业类型"等，然后单击"保存"按钮，系统提示"保存成功"，见图 3-3。

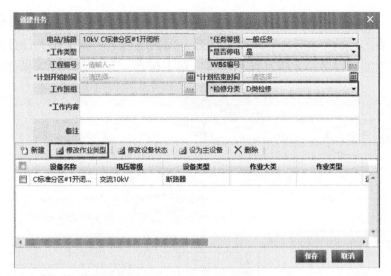

图 3-3 任务池相关参数信息

3.1.2 检修 / 计划专责编制月度检修计划

步骤 1 ▶ 检修 / 计划专责登录 PMS2.0。

步骤 2 ▶ 检修 / 计划专责在 "运维检修中心—电网运维检修管理—检修管理—月度检修计划编制" 打开模块，见图 3-4。

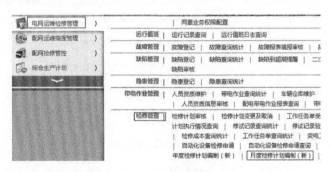

图 3-4 打开模块

步骤 3 ▶ 打开月度检修计划编制后可添加查找待处理任务条件，单击查询后，勾选任务，单击待处理计划中新建，见图 3-5。

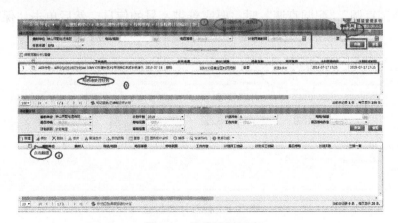

图 3-5 检修计划新建

步骤4 ▶ 单击"新建"按钮后。弹出"计划新建"网页对话框，（是否带电作业与是否配合停电计划都要选择"否"，否则计划会变成终结状态，无法进行下一步工作）任务追加可添加其他任务，添加设备也可添加新设备，完善月计划信息，单击保存，月计划生成，操作流程见图3-6。

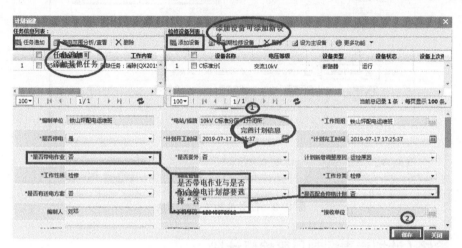

图3-6　检修计划新建

调度管辖这里可以选择"省调直调""地调直调""配调直调"，根据现场实际要求选择，见图3-7。

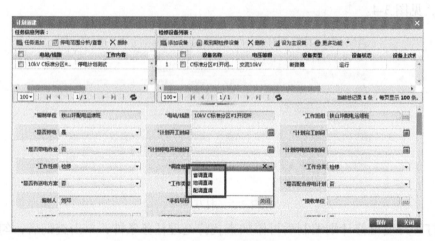

图3-7　检修计划新建

注：选择"地调直调""配调直调"时，要完善带 * 号的信息，然后单击"保存"，见图3-8。

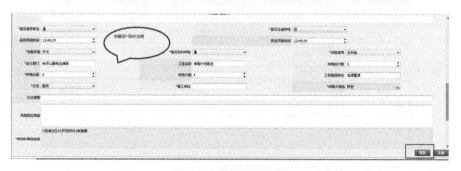

图3-8　检修计划新建

步骤5 月计划生成后任务，单击"查询"按钮，找到刚生成的月计划，勾选月计划，单击启动流程，见图 3-9。

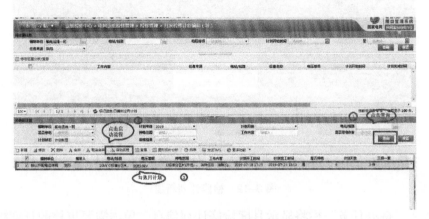

图 3-9　月计划生成后任务

步骤6 在弹出的"计划选人员"网页对话框中选择运检计划专责审核人员。

3.1.3　检修 / 计划专责审核

步骤1 检修 / 计划专责登录 PMS2.0。

步骤2 在系统导航通过菜单，运维检修中心—电网运维检修管理—检修管理—检修计划审核页面，添加查询条件，单击查询，找到月计划，勾选月计划后，单击打包发送调度，见图 3-10。

图 3-10　打包发送调度

步骤3 弹出页面后，填写审核意见，勾选计划，单击"确定"，见图 3-11、图 3-12。

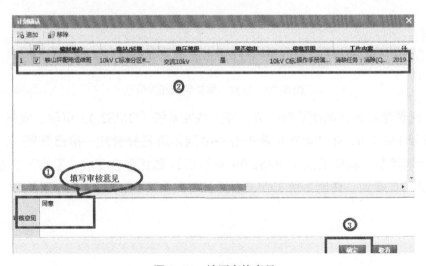

图 3-11　填写审核意见

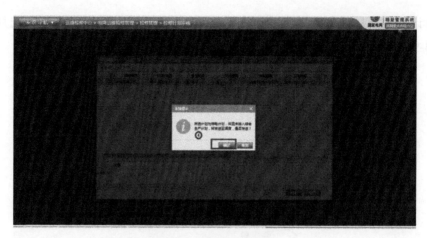

图 3-12　检修计划新建

注：也可进入"待办任务"栏将显示月度检修计划信息，单击需要审核的月度检修计划，弹出月度检修计划审核页面，审核、维护完成相关信息，见图 3-13、图 3-14。

图 3-13　"待办任务"栏

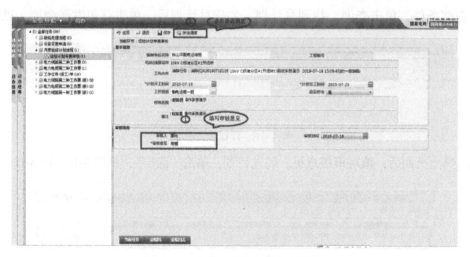

图 3-14　审核、维护完成相关信息

步骤4 发送调度后进入调度平衡环节，等待调度系统（OMS2.0）审核、发布。

步骤5 登录 PMS2.0，在"运维检修中心—电网运维检修管理—检修管理—计划执行情况查询"模块查看计划状态。调度系统（OMS2.0）审核后计划状态会变成"发布"状态，可单击"查看调度批复信息"查看到，调度系统（OMS2.0）审核后，可查看 OMS 计划编号，见图 3-15、图 3-16。

图 3-15　查看计划状态

图 3-16　OMS 计划编号

3.1.4　检修 / 计划专责编制周检修计划

步骤 1▸ 检修 / 计划专责登录 PMS2.0。

步骤 2▸ 检修 / 计划专责在"运维检修中心—电网运维检修管理—检修管理—周检修计划编制"打开模块，见图 3-17。

图 3-17　检修计划新建

步骤 3▸ 打开周检修计划编制后可添加查找待处理任务条件，单击查询后，勾选任务，单击待处理计划中新建，见图 3-18。

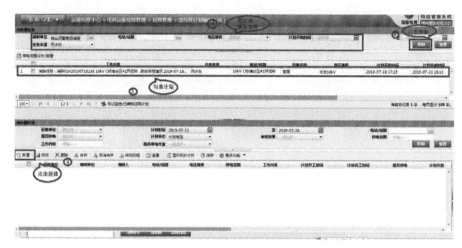

图 3-18　检修计划新建

步骤4 单击"新建"按钮后。弹出"计划新建"网页对话框（是否带电作业与是否配合停电计划都要选择"否"，否则计划会变成终结状态，无法进行下一步工作），任务追加可添加其他任务，添加设备也可添加新设备，完善月计划信息，单击保存，月计划生成，见图3-19。

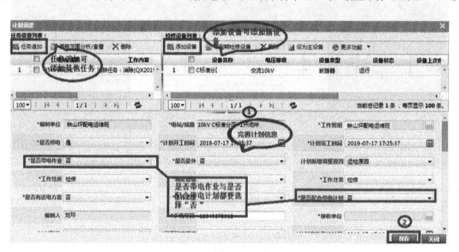

图 3-19　完善月计划信息

调度管辖这里可以选择"省调直调""地调直调""配调直调"，根据现场实际要求选择，见图3-8。

注：选择"地调直调""配调直调"时，要完善带＊号的信息，然后单击保存，见图3-20。

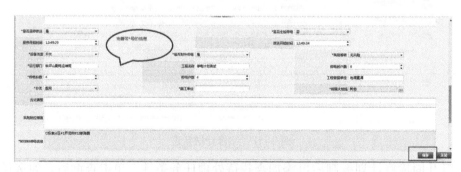

图 3-20　检修计划新建

步骤5 周计划生成后,单击查询按钮,找到刚生成的周计划,勾选周计划,单击启动流程,见图 3-21。

图 3-21　周计划生成后任务

步骤6 启动流程后,在弹出的网页对话框中双击"发布"节点,结束流程。

步骤7 在"运维检修中心—电网运维检修管理—检修管理—计划执行情况查询"模块查看计划状态,见图 3-22。

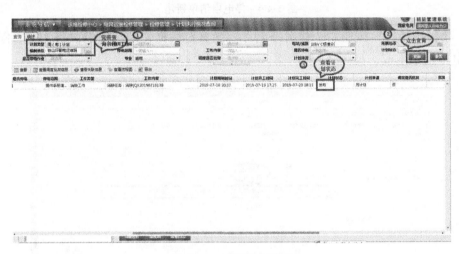

图 3-22　查看计划状态

3.1.5　检修/计划专责编制停电申请单

步骤1 检修/计划专责登录 PMS2.0。

步骤2 检修/计划专责在"运维检修中心—电网运维检修管理—停电申请单管理—停电申请单新建"打开模块,见图 3-23。

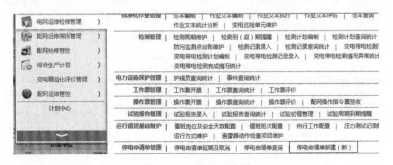

图 3-23　停电申请单

步骤3 "停电申请单新建"页面分为上下两部分。上部分为停电检修计划部分,下部分为停电申请单部分。可添加查找待处理任务条件,单击查询后,勾选任务,单击待处理停电申请中新建,见图 3-24。

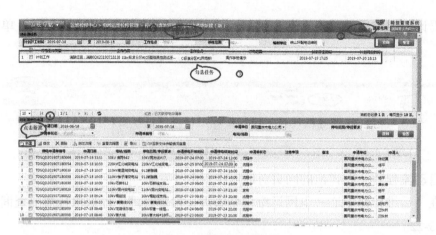

图 3-24　停电申请单新建

步骤4 ▶ 单击"新建"按钮后，弹出停电计划网页对话框，勾选停电设备，完善停电信息，单击确定，停电申请单生成，见图3-25。

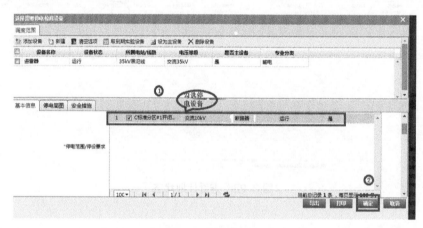

图 3-25　完善停电信息

步骤5 ▶ 停电申请单生成后，单击查询按钮，找到刚生成停电申请单，勾选停电申请单，单击启动流程，单击确定，直接发送调度，见图3-26。

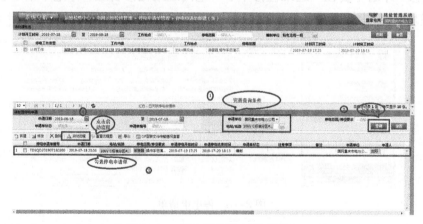

图 3-26　停电申请单生成后任务

步骤6 ▶ 等待调度批复、发布。

步骤 7 ▶ 检修／计划专责登录 PMS2.0，在"运维检修中心—电网运维检修管理—停电申请单管理—停电申请单新建"模块查询申请单状态，单击"OP 互联文件传输情况查看"，可查看到调度系统（OMS2.0）审核后的 OMS 单号信息等，见图 3-27、图 3-28。

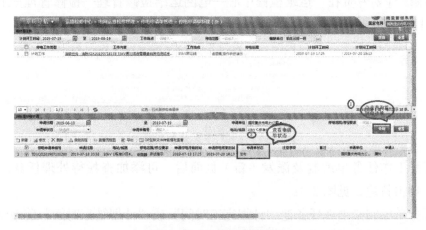

图 3-27　查看申请单状态

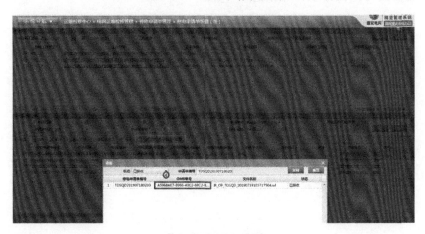

图 3-28　申请单编号

注：经调度批准的停电申请单需要延改期的需要调度批复。

在"运维检修中心—电网运维检修管理—停电申请单管理—停电申请单延期及取消"打开模块，见图 3-29。

图 3-29　打开模块

3.1.6　检修／计划专责编制工作任务单

步骤1▸检修／计划专责登录 PMS2.0。

步骤2▸检修／计划专责在"运维检修中心—电网运维检修管理—检修管理—工作任务单编制及派发（新）"打开模块，见图 3-30。

图 3-30　工作任务单编制及派发

步骤3▸打开工作任务单编制及派发（新）页面后，可添加查找待处理任务条件，单击查询后，勾选任务，单击新建，见图 3-31。

注：工作任务单编制必须在任务池"计划完工时间"或"计划结束时间"前编制，否则在工作任务单编制，不能查找对应任务或计划信息。

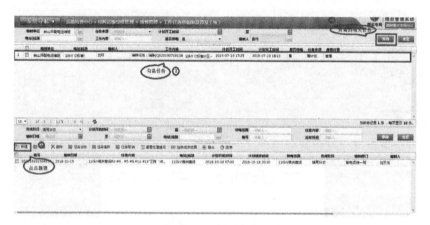

图 3-31　勾选任务

步骤4▸在"工作任务单编制"中维护工单相关信息，勾选工作任务，选择相应检修班组至右边对话框，单击"保存"按钮，见图 3-32。

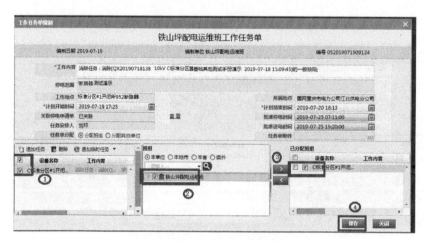

图 3-32　工作任务单编制

步骤5 ▶ 在弹出的对话框内单击"确定"按钮，系统提示"任务单已派发成功"。

3.1.7　班组人员工作任务单处理

步骤1 ▶ 班组人员登录 PMS2.0。

步骤2 ▶ 班组人员在待办任务中查看工作任务单信息，见图 3-33。

图 3-33　工作任务单

步骤3 ▶ 在弹出框中指派负责人，见图 3-34。

图 3-34　工作任务单

步骤4 ▶ 接图 3-34 操作后，系统提示，单击"确定"按钮即可。

步骤5 ▶ 工作负责人登录 PMS2.0，根据路径"系统导航—电网运维检修管理—检修管理—工作任务单受理"，进入"工作任务单受理"界面选择该工作任务单，单击"任务处理"按钮，见图 3-35。

图 3-35　"工作任务单受理"界面

步骤6 ▶ 填写班组任务单信息，见图 3-36。

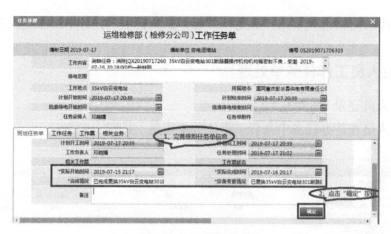

图 3-36 工作任务单

步骤7▶ 单击"工作任务"页面，勾选任务，单击"修试记录"按钮，登记修试记录，见图 3-37。

注：如果涉及相关工作票、作业文本、试验报告时，完成其流程后，再登记修试记录。

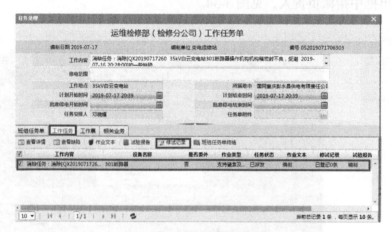

图 3-37 登记修试记录

步骤8▶ 在"修试记录登记"页面填写相关信息，单击"保存并上报验收"，见图 3-38。

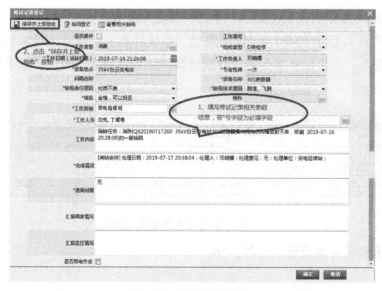

图 3-38 保存并上报验收

3.1.8　班组登记修试记录

步骤1 ▶ 班组人员登录 PMS2.0。

步骤2 ▶ 班组人员在待办任务中查看工作任务单信息，见图 3-39。

图 3-39　修试记录

步骤3 ▶ 选择工作任务单单击"任务处理"按钮，见图 3-40。

图 3-40　任务处理

步骤4 ▶ 检修班组工作负责人在弹出的"任务处理"对话框中维护班组任务单信息，单击"确定"按钮，见图 3-41。

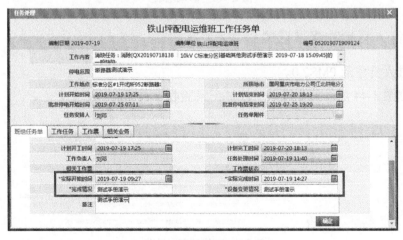

图 3-41　维护班组任务单信息

步骤5 单击"工作任务"页面，勾选任务，单击"修试记录"按钮，登记修试记录，见图 3-42。

注：涉及相关工作票、作业文本、试验报告时，完成流程后，再登记修试记录。

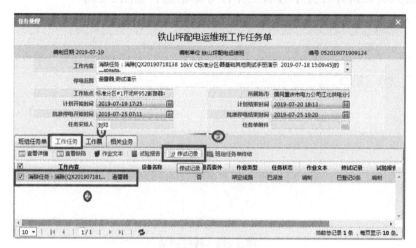

图 3-42 登记修试记录

步骤6 在"修试记录登记"页面填写相关信息，点击"保存并上报验收"。详情见图 3-43 修试记录。

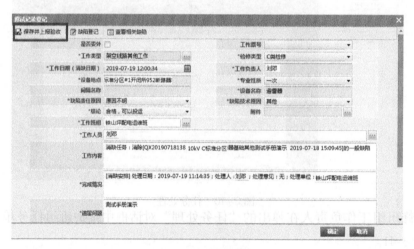

图 3-43 修试记录

3.1.9 运行人员验收修试记录

步骤1 运维人员登录 PMS2.0。

步骤2 根据图 3-44 所示路径进入"修试记录验收"页面。

图 3-44 修试记录验收

步骤3▸ 在"修试记录验收"页面勾选该条修试记录，单击"验收"按钮，见图 3-45。

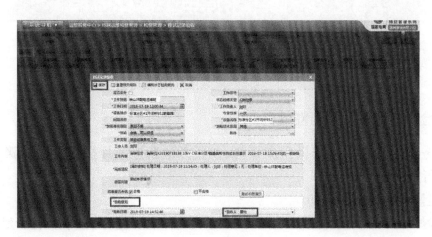

图 3-45　验收

3.1.10　工作任务单终结

根据路径"系统导航—电网运维检修管理—检修管理—工作任务单受理"，进入"工作任务单受理"界面，选择任务，单击任务处理，单击"班组任务单终结"按钮，终结工作任务单，如图 3-46 所示 1、2、3 操作顺序，系统提示"班组任务单终结成功"。

注：只有修试记录验收后工作任务单才能终结。

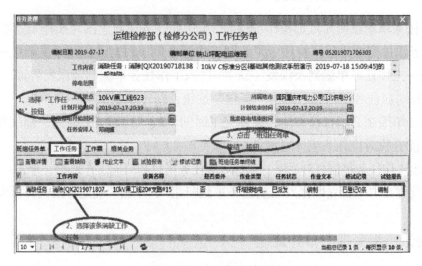

图 3-46　班组任务单终结

3.2 检修（不停电）操作流程

注：输电、变电、配电三个专业操作流程一致，下面以变电专业为例。

3.2.1 检修专责编制任务池任务

注：此任务池新建图片点选操作步骤与 3.1 任务池新建图片操作点选步骤一致，参考图 3-1 ~ 图 3-3 进行点选操作。

步骤 1 ▸ 检修专责登录 PMS2.0。

步骤 2 ▸ 检修专责在"系统导航—电网运维检修管理—任务池管理—任务池新建"打开模块。

步骤 3 ▸ 单击"新建"，弹出任务修改对话框。

步骤 4 ▸ 在新建任务对话框中单击"新建"，进入设备选择页面。

步骤 5 ▸ 页面中可根据设备类型查询设备，选择要检修的设备，单击　　按钮，选择设备，再单击"确定"，返回新建任务对话框。

步骤 6 ▸ 修改任务池相关参数信息，如"是否停电、检修分类、作业类型"等，然后单击"保存"按钮，系统提示"保存成功"。

3.2.2 检修专责编制工作任务单

注：此工作任务单新建图片点选操作步骤与 3.1 工作任务单新建图片操作点选步骤一致。

步骤 1 ▸ 任务添加完成之后，检修专责编制工作任务单。根据路径"系统导航—电网运维检修管理—检修管理—工作任务单编制及派发（新）"进入工作任务单编制及派发界面。

步骤 2 ▸ 选择对应任务池信息，单击"新建"按钮，新建编制工单。

注：工作任务单编制必须在任务池"计划完工时间"或"计划结束时间"前编制，否则在工作任务单编制，不能查找对应任务或计划信息。

步骤 3 ▸ 弹出工作任务单信息对话框，选择对应任务信息和对应工作班组，单击"保存"按钮。

步骤 4 ▸ 系统弹出"是否立即派发当前任务单到班组"，单击"确定"按钮，派发工作任务单。

3.2.3 检修班组受理工单并处理

注：此班组任务单受理图片点选操作步骤与 3.1 工作任务单新建图片操作点选步骤一致。

步骤 1 ▸ 班组人员登录 PMS2.0。

步骤 2 ▸ 班组人员在待办任务中查看工作任务单信息。

步骤 3 ▸ 在弹出框中指派负责人。

步骤 4 ▸ 接上一步操作后，单击"确定"即可。

步骤 5 ▸ 工作负责人登录 PMS2.0，根据路径"系统导航—电网运维检修管理—检修管理—工作任务单受理"，进入"工作任务单受理"界面选择该工作任务单，单击"任务处理"按钮。

步骤 6 ▸ 填写班组任务单信息。

步骤 7 ▸ 单击"工作任务"，勾选任务，单击"修试记录"按钮，登记修试记录。

注：如果涉及相关工作票、作业文本、试验报告时，完成其流程后，再登记修试记录。

步骤 8 ▸ 在"修试记录登记"页面填写相关信息，单击"保存并上报验收"。

3.2.4　运行人员验收修试记录

注：此修试记录验收图片点选操作步骤与 3.1 工作任务单新建图片操作点选步骤一致。

步骤 1 ▸ 运维人员登录 PMS2.0。

步骤 2 ▸ 根据路径进入"修试记录验收"页面。

步骤 3 ▸ 在"修试记录验收"页面勾选该条修试记录，单击"验收"按钮。

3.2.5　工作任务单终结

根据路径"系统导航—电网运维检修管理—检修管理—工作任务单受理"，进入"工作任务单受理"界面，选择任务，单击任务处理，单击"班组任务单终结"按钮，终结工作任务单，系统提示"班组任务单终结成功"。

注：只有修试记录验收后工作任务单才能终结。

▶ 第4章

缺陷记录

缺陷按照缺陷性质分为一般、严重、危急，一般缺陷需在365天内消缺，严重缺陷需在30天内消缺，危急缺陷需在24h内消缺。

4.1 超过24h消缺操作流程

4.1.1 超过24h消缺（停电）操作流程

注：输电、变电、配电三个专业操作流程一致，下面以配电为例。

1. 缺陷登记

步骤1 ▸ 运维班组人员登录PMS2.0。

步骤2 ▸ 运维班组人员打开"系统导航—电网运维检修管理—缺陷管理—缺陷登记"模块，然后单击"新建"按钮，见图4-1。

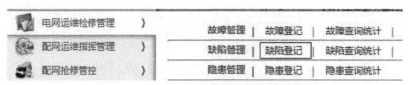

图4-1 缺陷登记模块

步骤3 ▸ 在"缺陷登记—网页对话框"中，填写打红色 * 号必填字段信息。

注：如需发送调度，在"是否发送调度"处打√，见图4-2、图4-3。

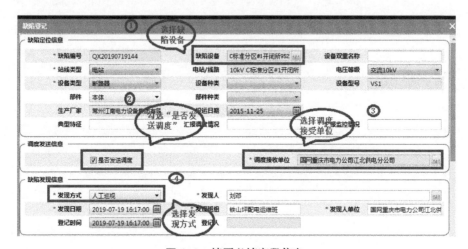

图4-2 填写必填字段信息

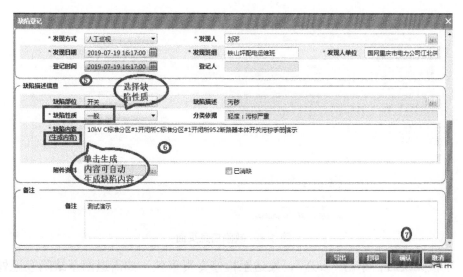

图 4-3　自动生成缺陷内容

2. 缺陷审核

步骤 1 ▶ 运维班员完成缺陷登记之后，回到缺陷登记界面，选择登记的缺陷，单击"启动流程"按钮，见图 4-4。

图 4-4　启动流程

步骤 2 ▶ 在弹出的"发送人"对话框中选择班组审核人员，单击"确定"按钮，系统提示"流程发送成功"。

步骤 3 ▶ 班长或技术员登录 PMS2.0。

步骤 4 ▶ "待办任务"栏将显示缺陷记录信息，单击需要审核的缺陷信息，见图 4-5。

图 4-5　"待办任务"栏

步骤 5 ▶ 弹出缺陷信息页面，"白色底框"代表可修改、可填写状态。审核、维护完成，相关信息见图 4-6。

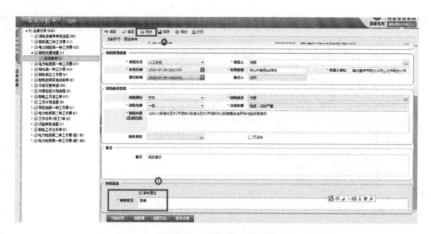

图 4-6 缺陷信息页面

步骤6 审核无误后，单击"发送"，发送至检修专责审核。如需退回至缺陷登记处，单击"退回"按钮，见图 4-7。

图 4-7 审核无误后任务

3. 检修专责审核缺陷信息

步骤1 检修专责登录 PMS2.0。

步骤2 "待办任务"栏将显示缺陷记录信息，单击需要审核的缺陷信息。

步骤3 弹出缺陷信息页面，"白色底框"代表可修改、可填写状态，审核、维护完成，相关信息见图 4-8 ~ 图 4-10。

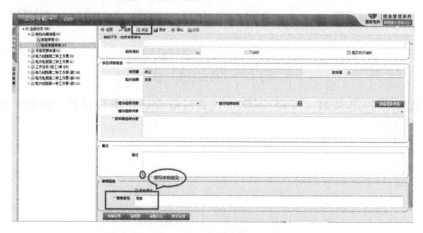

图 4-8 缺陷信息一

注：（1）对于自行消除缺陷，可结束流程。

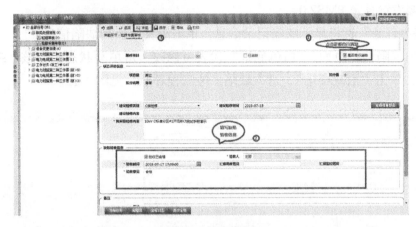

图 4-9 缺陷信息二

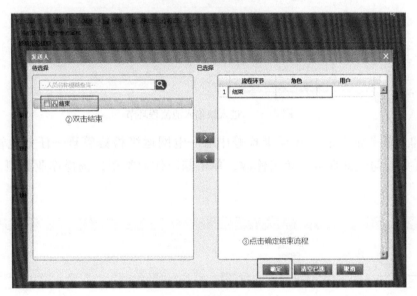

图 4-10 缺陷信息三

（2）如果是重大缺陷，则将缺陷上报给检修公司领导进行审核后再安排消缺计划；如果是一般缺陷，可直接安排消缺计划。

步骤 4 审核无误后，单击"发送"，发送至消缺安排流程环节，见图 4-11。

图 4-11 发送至消缺安排流程环节

4. 检修专责消缺安排

步骤1 ▶ 检修专责登录 PMS2.0。

步骤2 ▶ "待办任务"栏将显示缺陷记录信息，单击需要审核的缺陷信息。

步骤3 ▶ 弹出缺陷信息页面，"白色底框"代表可修改、可填写状态。审核、维护完成相关信息，审核无误后，单击"消缺安排"，进入缺陷入池流程环节，见图4-12。

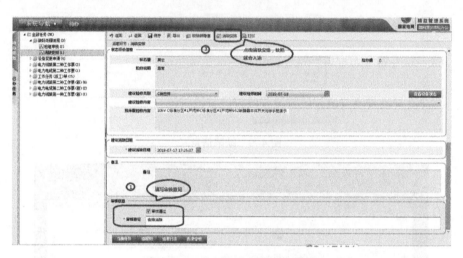

图4-12　进入缺陷入池流程环节

步骤4 ▶ "加入任务池"后，在运维检修中心—电网运维检修管理—任务池管理—任务池新建菜单找到此任务，勾选此任务，单击修改，单击修改作业类型，选择作业类型，操作步骤见图4-13～图4-15。

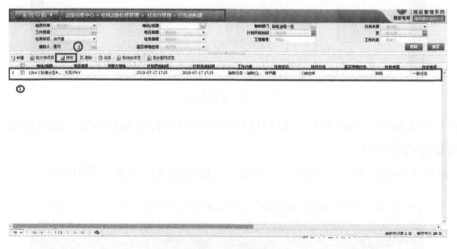

图4-13　操作步骤一

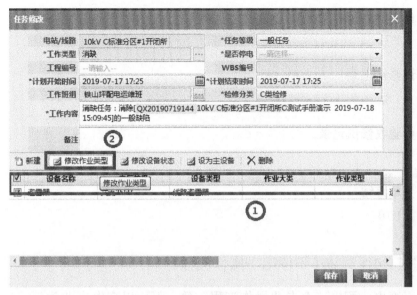

图 4-14　操作步骤二

图 4-15　操作步骤三

5. 检修 / 计划专责编制月度检修计划

操作步骤见 3.1.2。

6. 检修 / 计划专责审核

操作步骤见 3.1.3。

7. 检修 / 计划专责编制周检修计划

操作步骤见 3.1.4。

8. 检修 / 计划专责编制停电申请单

操作步骤见 3.1.5。

9. 检修 / 计划专责编制工作任务单

操作步骤见 3.1.6。

10. 班组人员工作任务单处理

操作步骤见 3.1.7。

11. 班组登记修试记录

操作步骤见 3.1.8。

12. 运行人员验收修试记录

操作步骤见 3.1.9。

13. 工作任务单终结

操作步骤见 3.1.10。

4.1.2 超过 24h 消缺（不停电）操作流程

注：1.输电、变电、配电三个专业操作流程一致，下面以变电专业为例。2."超过 24h 消缺（不停电）"缺陷登记、缺陷审核、检修专责审核缺陷信息、检修专责消缺安排图形点选操作步骤与超过 24h（停电）缺陷登记、缺陷审核、检修专责审核缺陷信息、检修专责消缺安排图形点选操作步骤是一致的，参考图 4-1 ~ 图 4-15。

1. 缺陷登记

步骤 1 ▶ 运维班组人员登录 PMS2.0。

步骤 2 ▶ 运维班组人员打开"系统导航—电网运维检修管理—缺陷管理—缺陷登记"模块，然后单击"新建"按钮。

步骤 3 ▶ 在弹出的"缺陷登记"对话框中维护缺陷信息，带 * 号字段为必填信息以及相关重要信息，白底选择框和白底编辑框为可编辑状态。

2. 缺陷审核

步骤 1 ▶ 运维班员完成缺陷登记之后，回到缺陷登记界面，选择登记的缺陷，单击"启动流程"按钮。

步骤 2 ▶ 在弹出的"发送人"对话框中选择班组审核人员，单击"确定"按钮，系统提示"流程发送成功"。

步骤 3 ▶ 班长或技术员登录 PMS2.0。

步骤 4 ▶ "待办任务"栏将显示缺陷记录信息，单击需要审核的缺陷信息。

步骤 5 ▶ 弹出缺陷信息页面，"白色底框"代表可修改、可填写状态。审核、维护、完成相关信息。

步骤 6 ▶ 审核无误后，单击"发送"，发送至检修专责审核。

3. 检修专责审核缺陷信息

步骤 1 ▶ 检修专责登录 PMS2.0。

步骤 2 ▶ "待办任务"栏将显示缺陷记录信息，单击需要审核的缺陷信息。

步骤 3 ▶ 弹出缺陷信息页面，"白色底框"代表可修改、可填写状态。审核、维护、完成相关信息。

注：对于自行消除缺陷，可结束流程。

如果是重大缺陷，则将缺陷上报给检修公司领导进行审核后再安排消缺计划；如果是一般缺陷，可直接安排消缺计划。

步骤4▸ 审核无误后，单击"发送"，发送至消缺安排流程环节。

4. 检修专责消缺安排

步骤1▸ 检修专责登录 PMS2.0。

步骤2▸ "待办任务"栏将显示缺陷记录信息，单击需要审核的缺陷信息。

步骤3▸ 弹出缺陷信息页面，"白色底框"代表可修改、可填写状态。审核、维护、完成相关信息，审核无误后，单击"消缺安排"，进入缺陷入池流程环节。

步骤4▸ "加入任务池"后，在运维检修中心—电网运维检修管理—任务池管理—任务池新建菜单找到此任务，勾选此任务，单击修改，单击修改作业类型，选择作业类型，

5. 检修专责编制工作任务单

操作步骤见 3.2.2。

6. 检修班组受理工单并处理

操作步骤见 3.2.3。

7. 运行人员验收修试记录

操作步骤见 3.2.4。

8. 工作任务单终结

操作步骤见 3.2.5。

4.2　24h 内消缺操作流程

注：输电、变电、配电三个专业操作流程一致，下面以输电专业为例。

4.2.1　登记缺陷

步骤1▸ 输电班长 / 班员登录 PMS2.0。

步骤2▸ 根据菜单路径"系统导航—电网运维检修管理—缺陷管理—缺陷登记"进入"缺陷登记"页面。

步骤3▸ 单击新建按钮，新增缺陷。

注：24h 内缺陷登记与超过 24h 消缺（停电）缺陷登记图形点选操作步骤一致，参照图 4-1 进行点选操作。

步骤4▸ 在"新建任务"弹出对话框中维护缺陷信息，填写 * 号必填字段信息以及相关重要信息，白底选择框和白底编辑框为可编辑状态。

步骤5 ▶ 缺陷定位信息维护，见图 4-16 ~ 图 4-18。

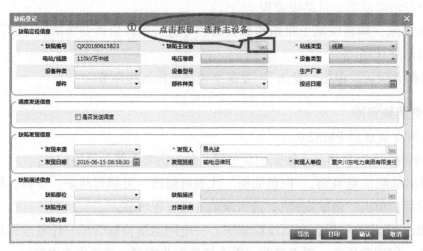

图 4-16 缺陷定位信息维护一

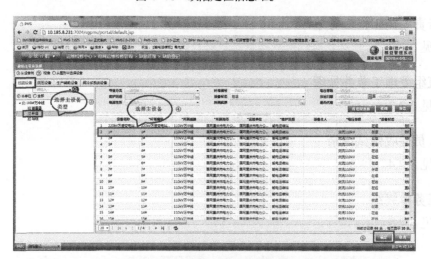

图 4-17 缺陷定位信息维护二

图 4-18 缺陷信息维护三

步骤6 ▸ 调度发送信息维护（注：如需发送调度，在"是否发送调度"处打√），见图 4-19。

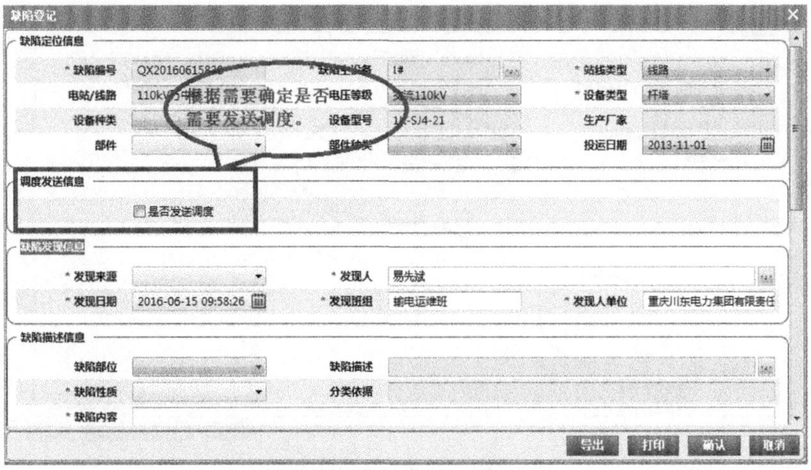

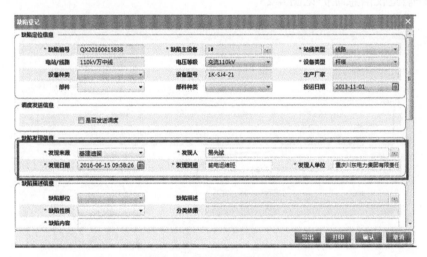

图 4-19　发送信息维护

步骤7 ▸ 缺陷发现信息维护见图 4-20。

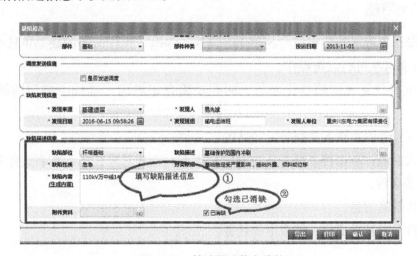

图 4-20　缺陷发现信息维护

步骤8 ▸ 缺陷描述信息维护见图 4-21。

图 4-21　缺陷描述信息维护

步骤9 ▸ 缺陷处理信息维护见图 4-22。

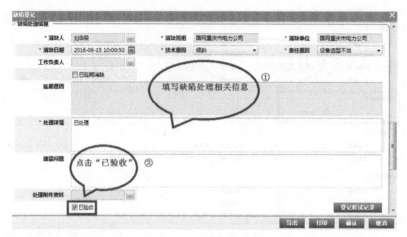

图 4-22　缺陷处理信息维护

注：及时消除缺陷的消缺日期不能超过发现日期 24h。

步骤10 ▸ 缺陷验收信息维护见图 4-23。

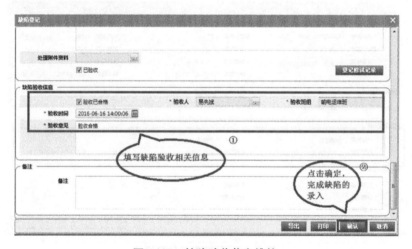

图 4-23　缺陷验收信息维护

4.2.2　缺陷审核

24h 内消缺操作流程的缺陷审核与超过 24h 消缺（停电）操作流程的缺陷审核图形点选操作一致，参考图 4-4 ~ 图 4-9 进行点选操作。

步骤1 ▸ 运维班员完成缺陷登记之后，回到缺陷登记界面，选择刚登记的缺陷，单击启动流程。

步骤2 ▸ 由运检专责审核人员登录 PMS2.0。

步骤3 ▸ 进入系统，单击待办任务，选择流程类型，查找对应任务，在右边任务对话框查找对应任务，单击任务名称。

步骤4 ▸ 审核缺陷信息。

步骤5 ▸ 运检专责发送流程，结束审核任务。

▶ 第 5 章

移动作业

5.1 移动作业设备检修操作流程

输电、变电、配电三个专业移动作业设备检修操作流程一致，下面以变电操作流程为例。

5.1.1 任务池新建

步骤1▸运维检修专责打开"运维检修中心—电网运维检修管理—任务池管理—任务池新建"
路径（计划型检修任务在编制工作任务单之前需要编制计划），见图5-1。

图5-1 任务池新建

步骤2▸进入界面后单击"新建"，创建临时检修任务。

步骤3▸在"新建任务"弹出对话框中单击"新建"按钮，见图5-2。

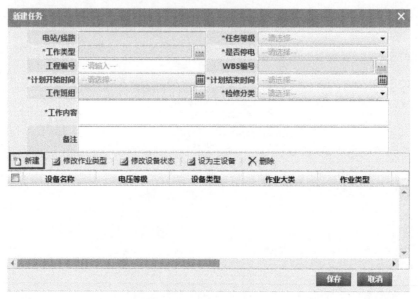

图5-2 "新建任务"弹出对话框

步骤4▸选择需要检修的站内一次设备，单击"↓"，再单击"确定"，见图5-3。

图 5-3 选择需要检修的站内一次设备

步骤5 维护好新建任务信息，点击"保存"。

5.1.2 工作任务单编制及派发

步骤1 运维检修专责打开"运维检修中心—电网运维检修管理—检修管理—工作任务单编制及派发（新）"路径，见图 5-4。

图 5-4 工单编制

步骤2 勾选任务，单击"新建"创建工作任务单，见图 5-5。

图 5-5 勾选任务

步骤3▶ 在"工作任务单编制"弹出对话框中维护工作任务单信息，单击"保存"，见图5-6。

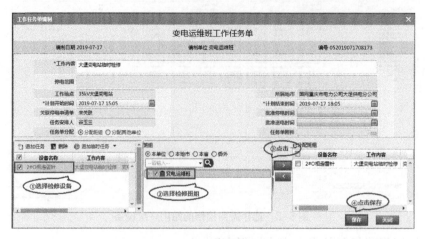

图5-6 工作任务单编制

步骤4▶ 在"提示框"弹出对话框中，单击"确定"，将工作任务推送至检修班组。

5.1.3 工作任务单受理

步骤1▶ 检修班组人员打开"运维检修中心—电网运维检修管理—检修管理—工作任务单受理"路径，见图5-7。

图5-7 打开路径

步骤2▶ 选中需要受理的工作任务，单击"指派工作负责人"，见图5-8。

图5-8 选中需要受理的工作任务

步骤3▶ 在"指派工作负责人"弹出对话框中选中工作负责人，单击确定，见图5-9。

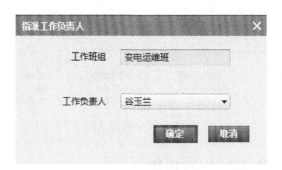

图 5-9　指派工作负责人

步骤 4 在"提示框"弹出对话框中单击"确定"。

5.1.4　生成离线作业包

步骤 1 打开"运维检修中心—电网运维检修管理—离线作业任务管理—生成离线作业包"路径，见图 5-10。

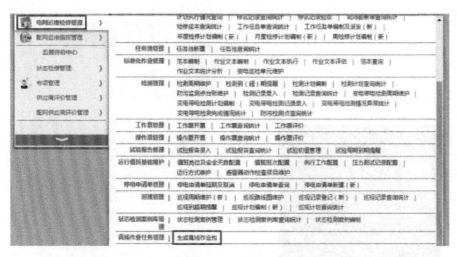

图 5-10　离线作业包

步骤 2 选择检修功能模块，选中班组任务单，单击"生成离线作业任务"，见图 5-11。

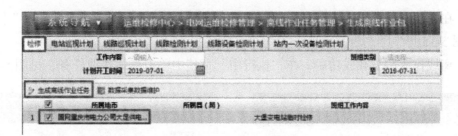

图 5-11　生成离线作业任务

步骤 3 在"系统提示"弹出对话框中单击"确定"。

步骤 4 待离线作业包离线任务状态由"待下载→生成中→可下载"转换成功后，即在移动设备上开展移动作业内网应用，见图 5-12。

| 任务状态 | 任务已安排 | ▼ | | 工作负责人 | | ... | | |
| 离线任务状态 | --请选择-- | ▼ | | | | | 查询 | 重置 |

	计划开工时间	计划完工时间	任务受理时间	任务状态	离线任务状态
	2021-01-30 10:31	2021-01-30 10:31	2021-01-28 10:41	任务已安排	未生成
	2021-01-14 23:30	2021-01-15 23:30	2021-01-09 00:02	任务已安排	可下载

图 5-12　转换成功后

5.1.5　PMS2.0 移动巡检 App 操作

步骤 1 ▸ 打开终端设备，单击"PMS2.0 移动巡检"App，见图 5-13。

步骤 2 ▸ 单击"移动商店登录"，进入用户名/密码输入页面，输入用户名/密码，单击"登录"。

步骤 3 ▸ 单击"计划检修"功能页签，见图 5-14。

图 5-13　巡检 App

图 5-14　计划检修

　步骤 4 ▸ 在"待下载"页签中找到需要开展内网移动应用的离线作业包，单击"↓"下载离线作业包，见图 5-15。

　步骤 5 ▸ 离线作业包下载成功后，在"执行中"页签中单击离线作业任务，见图 5-16。

图 5-15　"待下载"页签

图 5-16　"执行中"页签

步骤6 ▸ 维护"班组任务单"页签信息，单击"保存"，见图 5-17。

步骤7 ▸ "班组任务单"信息维护并保存之后，下划页面单击"…"进入"任务内容"页签维护修试记录信息，见图 5-18。

图 5–17 "班组任务单"页签　　　　　图 5–18 "任务内容"页签

步骤8 ▸ 单击"+"，添加修试记录，见图 5-19。

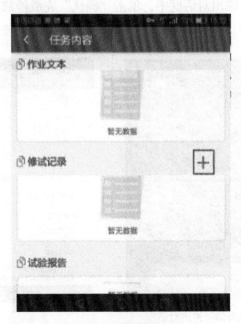

图 5–19 添加修试记录

步骤9 在"修试记录"页签中，维护修饰记录信息，单击"保存"，见图5-20。

注：修饰记录填写意见为合格时，单击保存，不可登记缺陷；填写意见为不合格，不可投运时，单击保存后可登记缺陷，后续流程相同。

步骤10 修饰及缺陷记录维护后，回到"任务详情"页签，在"任务详情"页签中点击"："，再单击"完成检修"，见图5-21。

图5-20 "修试记录"页签

图5-21 "任务详情"页签

步骤11 在"消息通知"弹出对话框中，单击"确认"完成检修工作，见图5-22。

步骤12 完成检修操作后，单击右上角"："，再单击"上传任务"，见图5-23。

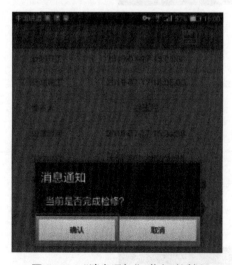

图5-22 "消息通知"弹出对话框

图5-23 上传任务

步骤 13 ▶ 在"消息通知"弹出对话框中，单击"确认"上传任务，见图 5-24。

步骤 14 ▶ 离线作业包上传成功后，可在"已上传"模块中查看离线作业包信息（注意：离线作业包状态为已上传，只能在终端查看维护的相关信息，离线作业不可删除），见图 5-25。

图 5-24　消息通知

图 5-25　任务信息

步骤 15 ▶ 离线作业包信息上传 PMS2.0 主站后，在离线作业包中维护的缺陷、修试记录、班组任务信息都可在 PMS2.0 主站功能模块中进行修改以及删除操作。离线作业包上传成功后，离线作业包状态为"已上传"，见图 5-26。

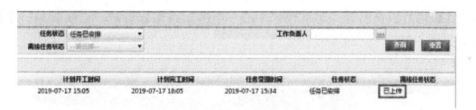
图 5-26　离线作业包信息上传

步骤 16 ▶ 离线作业包上传成功之后，"打开运维检修中心—电网运维检修管理—检修管理—工作任务单受理"路径，选中班组任务单，单击"任务处理"，见图 5-27。

图 5-27　离线作业包上传成功之后任务

步骤 17 ▶ 在"任务处理"弹出对话框中，可以在班组任务单、工作任务功能模块对缺陷、修试记录、班组任务信息进行修改或删除操作，见图 5-28。

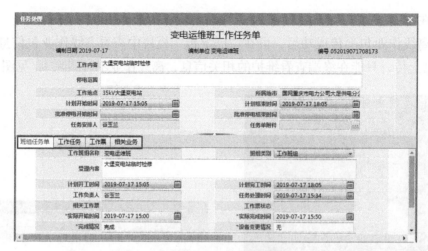

图 5-28 修改或删除操作

5.2 移动作业设备计划巡视操作流程

注：输电、变电、配电三个专业移动作业设备检修操作流程一致，下面以变电操作流程为例。

5.2.1 计划巡视编制

步骤1 台账运行人员打开"运维检修中心—电网运维检修管理—巡视管理—巡视计划编制（新）"路径，见图 5-29。

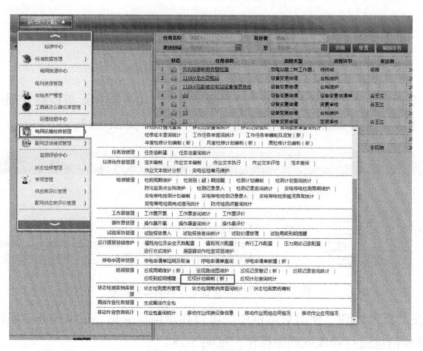

图 5-29 移动巡视计划

步骤2 单击"新建"创建电站（变电设备）巡视计划，见图 5-30。

图 5-30 创建电站巡视计划

步骤3 在"巡视计划编制"弹出对话框中，单击"添加设备"，选择巡视设备，见图 5-31。

图 5-31 巡视计划编制

步骤4 在"站内巡视范围选择"弹出对话框中，选择巡视范围，单击"确定"，见图 5-32。

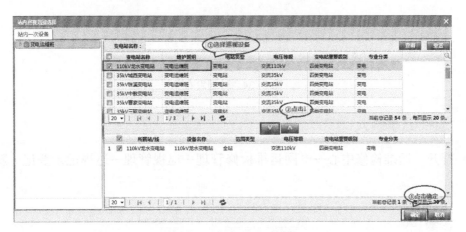

图 5-32 站内巡视范围选择

步骤5 维护巡视内容，单击"确定"，见图 5-33。

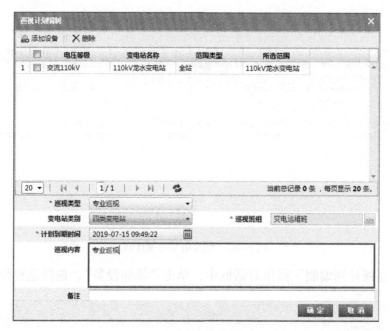

图 5-33　维护巡视内容

步骤6 选中需要发布的计划，单击"计划发布"，弹出系统提示对话框，单击"确定"，见图 5-34。

图 5-34　计划发布

5.2.2　巡视记录录入

步骤1 打开"运维检修中心—电网运维检修管理—巡视管理—巡视记录登记（新）"路径，见图 5-35。

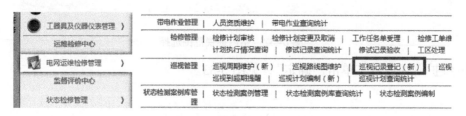

图 5-35　巡视记录登记（新）

步骤2 选择电站巡视记录登记模块，选中巡视计划，单击"作业文本"，见图 5-36。

图 5-36 作业文本

步骤3 单击"新建",编制作业文本。

步骤4 在"作业文本编制"弹出对话框中,可根据参照范文、参照历史作业文本、参照标准库、手工创建等方式,创建作业文本,单击"确定",见图5-37。

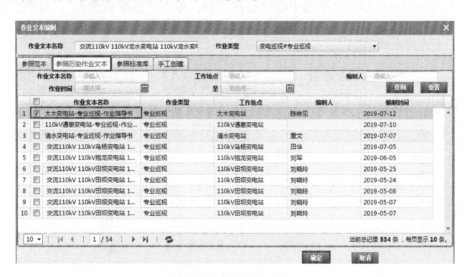

图 5-37 作业文本编制

步骤5 在"作业文本详情"弹出对话框中维护作业文本信息,单击"保存";弹出"保存成功"对话框后,即可退出该页面,见图5-38。

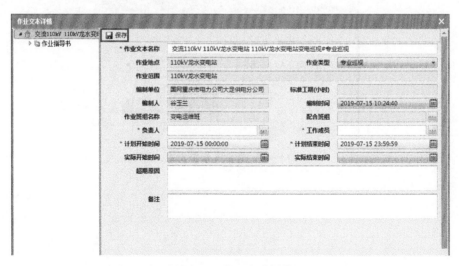

图 5-38 作业文本详情

步骤6 在"编制作业文本"的对话框页面，该条作业文本进行自动审核，状态显示为"审核完成"（注意：作业文本执行应在终端操作），见图 5-39。

图 5-39 移动巡视记录

5.2.3 生成离线作业包

步骤1 作业文本显示审核完成后，打开"运维检修中心—电网运维检修管理—离线作业任务管理—生成离线作业包"路径。

步骤2 在电站巡视计划模块中选中电站巡视计划，单击"指派负责人"，见图 5-40。

图 5-40 离线作业

步骤3 在"指派工作负责人"弹出对话框中选择工作负责人，单击"确定"，见图 5-41。

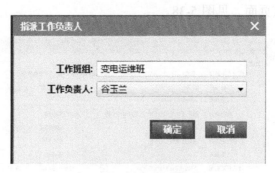

图 5-41 指派工作负责人

步骤 4 ▸ 指派工作负责人后，选择巡视计划，单击"生成离线作业任务"，见图 5-42。

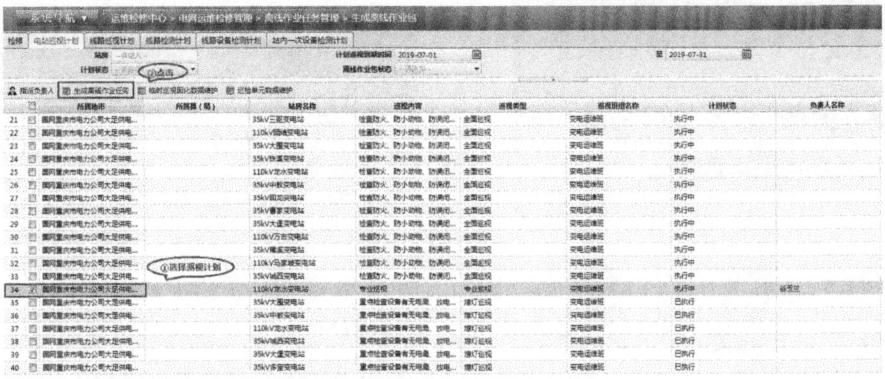

图 5-42　生成离线作业任务

步骤 5 ▸ 在"系统提示"弹出对话框中单击"确定"。

步骤 6 ▸ 待离线作业包离线任务状态由"待下载→生成中→可下载"转换成功后，即在移动设备上开展移动作业内网应用，见图 5-43。

巡视班组名称	计划状态	负责人名称	计划巡视到期时间	离线作业包状态
变电运维班	执行中		2019-07-18	未生成
变电运维班	执行中		2019-07-18	未生成
变电运维班	执行中		2019-07-18	未生成
变电运维班	执行中		2019-07-18	未生成
变电运维班	执行中		2019-07-18	未生成
变电运维班	执行中		2019-07-17	未生成
变电运维班	执行中		2019-07-17	未生成
变电运维班	执行中		2019-07-17	未生成
变电运维班	执行中		2019-07-17	未生成
变电运维班	执行中		2019-07-17	未生成
变电运维班	执行中		2019-07-17	未生成
变电运维班	执行中		2019-07-17	未生成
变电运维班	执行中	谷玉兰	2019-07-15	可下载
变电运维班	已执行		2019-07-12	未生成
变电运维班	已执行		2019-07-12	未生成
变电运维班	已执行		2019-07-12	未生成
变电运维班	已执行		2019-07-12	未生成
变电运维班	已执行		2019-07-12	未生成

图 5-43　离线作业包状态

5.2.4　PMS2.0 移动巡检 App 操作

步骤 1 ▸ 在终端设备上打开"PMS2.0 移动巡检"APP。

步骤 2 ▸ 单击"移动商店登录"，进入登录页面，输入账号 / 密码，单击"登录"。

步骤 3 ▸ 单击"计划巡视"功能页签模块，见图 5-44。

步骤 4 ▸ 在"待下载"页签中找到离线作业包，单击"↓"下载离线作业包，见图 5-45。

图 5-44　计划巡视 App

图 5-45　下载离线作业包

步骤5 ▶ 离线作业包下载成功后，在"执行中"页签中单击离线作业包，见图 5-46。

步骤6 ▶ 在"任务详情"弹出对话框中，单击"作业文本"，见图 5-47。

图 5-46　任务信息

图 5-47　任务详情

步骤7 在"索引信息"弹出对话框中维护实际开始 / 结束时间，单击"执行"，然后单击"确定"执行完作业文本，见图 5-48。

步骤8 如若巡视过程中发现缺陷，可以单击"常规巡视"，然后选择间隔单元（注：如果未发现隐患或缺陷，可不登记），见图 5-49。

图 5-48　索引信息

图 5-49　任务详情

步骤9 在"缺陷登记"页签中，单击"+"，添加缺陷信息，见图 5-50。

步骤10 在"隐患登记"页签中，单击"+"，添加隐患信息，见图 5-51。

图 5-50　"缺陷登记"页签

图 5-51　"隐患登记"页签

步骤11 巡视过程中可单击右上角"："，再单击"运行记录"，登记运行记录，见图 5-52。

图 5-52　登记运行记录

步骤12 如若巡视过程中发现设备变更信息，可在"任务详情"页签中，先单击右上角 "："，再单击"设备变更"，填写设备变更信息，见图 5-53。

图 5-53　设备变更信息

步骤 13 ▸ 作业文本执行完毕以及巡视信息登记完成后，单击"完成巡视"，见图 5-54。

步骤 14 ▸ 完成巡视后再单击右上角"："，单击"上传任务"，将离线作业包上传至 PMS2.0 主站系统，见图 5-55。

图 5-54　完成巡视

图 5-55　上传任务

步骤 15 ▸ 离线作业包上传成功后，可在"已上传"模块中查看离线作业包信息。

注：离线作业包状态为已上传，只能在终端查看维护的相关信息，离线作业不可删除，见图 5-56。

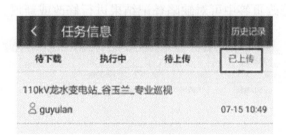

图 5-56　"已上传"模块

步骤 16 ▸ 离线作业包信息上传至 PMS2.0 后，在离线作业包中维护的巡视信息都可在 PMS2.0 功能模块中修改。

步骤 17 ▸ 离线作业包上传成功后，离线作业包状态为"已上传"，见图 5-57。

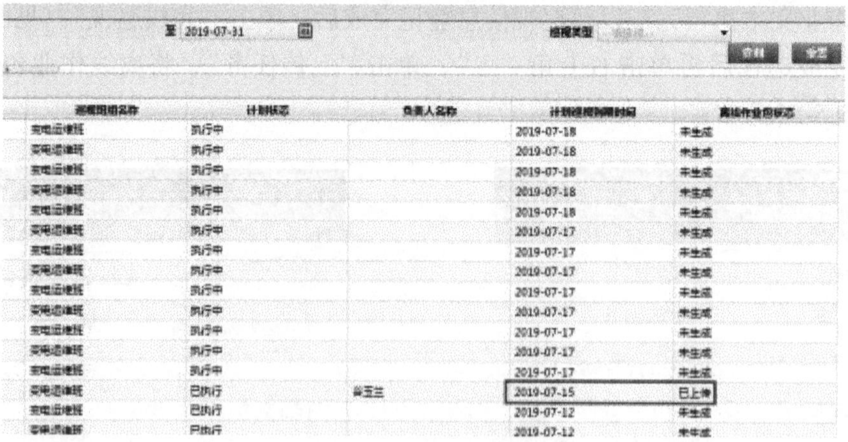

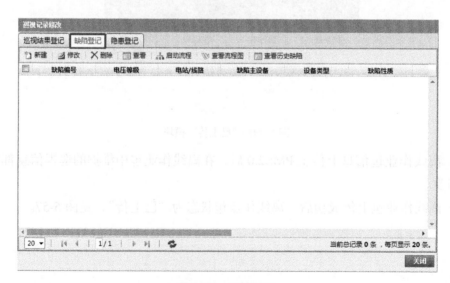

图 5-57 离线作业包状态

步骤 18 离线作业包上传成功后，打开之前进行巡视记录录入的"运维检修中心—电网运维检修管理—巡视管理—巡视记录登记（新）"路径。在"巡视记录信息"中，选中巡视记录，单击"修改"，见图 5-58。

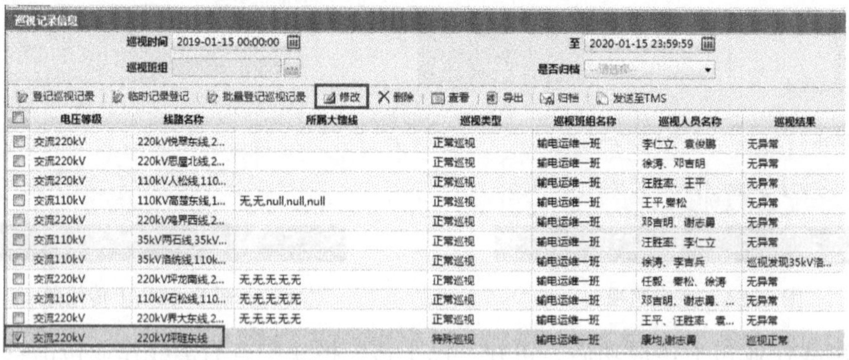

图 5-58 巡视记录登记

步骤 19 在巡视记录修改页签中可对巡视结果进行修改，修改完毕后单击"保存"。

步骤 20 在巡视记录修改页签中可对缺陷登记结果进行修改或新增，见图 5-59。

图 5-59 巡视登记

步骤 21 ▶ 在巡视记录修改页签中可对隐患登记结果进行修改或新增，见图 5-60。

图 5-60　巡视登记修改

5.3　移动作业设备检测操作流程

输电、变电、配电三个专业移动作业设备检修操作流程一致，下面以配电操作流程为例。

5.3.1　检测计划编制

步骤 1 ▶ 台账运行人员打开"运维检修中心—电网运维检修管理—检测管理—检测计划编制"
路径，见图 5-61。

图 5-61　移动检测计划

步骤 2 ▶ 选择站内一次设备检测计划编制模块，单击"新建"，创建电站检测计划（配电设
备），见图 5-62。

图 5-62　移动检测计划

步骤3 ► 在"新建检测计划"弹出对话框中填写检测计划信息，单击"确定"，完成检测计划编制，见图5-63。

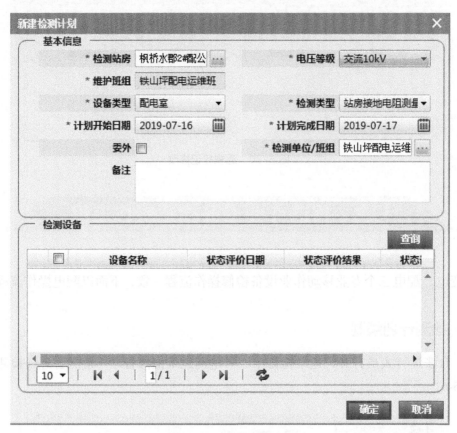

图5-63 新建检测计划

步骤4 ► 选择编制完成的检测计划，单击"发布"，发布检测计划，见图5-64。

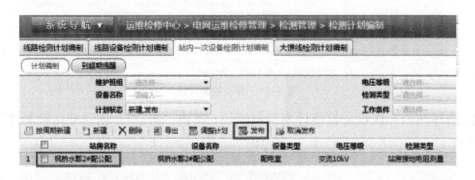

图5-64 发布检测计划

步骤5 ► 在"检测计划编制"弹出对话框中单击"确定"。

5.3.2 检测记录录入

步骤1 ► 打开"运维检修中心—电网运维检修管理—检测管理—检测记录录入"路径，见图5-65。

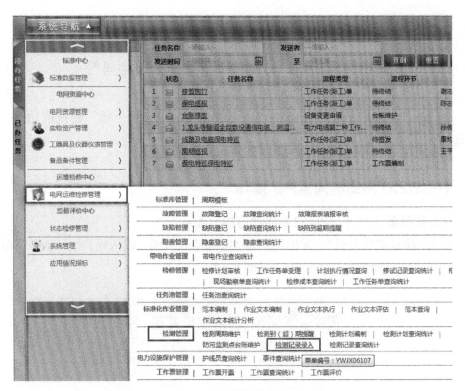

图 5-65 移动检测记录

步骤2 选择站内一次设备检测记录录入模块，查看已发布的检测计划，站内一次设备检测记录录入不需要新建作业文本，见图 5-66。

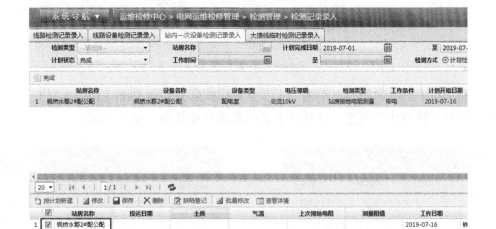

图 5-66 查看已发布的检测计划

5.3.3 生成离线作业包

移动作业设备检测操作流程的生成离线作业包的图形点选操作流程与 5.2.3 点选操作步骤一致。

步骤1 作业文本审批流程完结后，打开"运维检修中心—电网运维检修管理—离线作业任务管理—生成离线作业包"路径。

步骤2▶ 选择站内一次设备检测计划模块，选中检测计划，单击"指派负责人"。

步骤3▶ 在"指派工作负责人"弹出对话框中选择工作负责人，单击"确定"。

步骤4▶ 选择已指派负责人的检测计划，单击"生成离线作业任务"。

步骤5▶ 在"系统提示"弹出对话框中单击"确定"。

步骤6▶ 待离线作业包离线任务状态由"待下载→生成中→可下载"转换成功后，即可在移动设备上开展移动作业内网应用。

5.3.4　PMS2.0 移动巡检 APP 操作

步骤1▶ 在终端设备上打开"PMS2.0 移动巡检"App。

步骤2▶ 单击"移动商店登录"，弹出用户名 / 密码输入页面，输入用户名 / 密码，单击"登录"。

步骤3▶ 打开"计划检测"功能模块，见图 5-67。

图 5-67　计划检测 App

步骤4▶ 在"待下载"页签中，单击"↓"下载离线作业包，见图 5-68。

步骤5▶ 打开"执行中"页签，打开已下载的离线作业任务，见图 5-69。

图 5-68　"待下载"页签　　　　　　　　　图 5-69　"执行中"页签

步骤6▶ 在"检测任务"页签中单击"检测记录"，见图 5-70。

步骤7▶ 在"检测记录信息"页签维护好检测记录，单击右上角保存，见图 5-71。

图 5-70 "检测任务"页签

图 5-71 "检测记录信息"页签

步骤8 ▸ 检测记录以及其他关联信息维护完成后，单击"完成检测"，见图 5-72。

步骤9 ▸ 检测操作完成后，单击右上角"："，单击"上传任务"，上传离线作业任务，见图 5-73。

图 5-72 完成检测

图 5-73 上传任务

步骤10 ▶ 在"消息通知"弹出对话框中单击"确定"。

步骤11 ▶ 离线作业任务上传成功后可在"已上传"页签中进行查看（注：离线作业包状态为已上传，只能在终端查看维护的相关信息，离线作业不可删除），见图 5-74。

图 5-74　已上传

步骤12 ▶ 离线作业包信息上传主站后，在离线作业包中维护的检测记录信息都可在 PMS2.0 主站功能模块中修改，离线作业包上传成功后，离线作业包状态为"已上传"，见图 5-75。离线作业包上传成功后，检测记录详情见图 5-76。

图 5-75　离线作业包

图 5-76　检测记录详情

▶ 第6章

两票记录

6.1 工作票

输电、变电、配电三个专业操作流程一致，下面以变电专业为例。

6.1.1 工作票编制

步骤1▶ 登录 PMS2.0 后进入系统导航→电网运维检修管理→检修管理→工作任务单受理菜单，见图 6-1。

图 6-1　新建工作票

步骤2▶ 选择需要处理的工作任务，并点击 [图] 任务处理 按钮，打开工作任务单，见图 6-2。

图 6-2　打开工作任务单

步骤3▶ 打开任务处理页面，选择工作票页并点击 [图] 新建 按钮开票，见图 6-3。

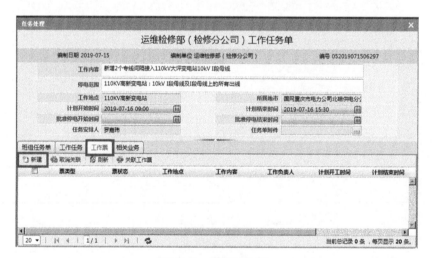

图 6-3　选择工作票

步骤4▶ 在新建工作票界面选择相应的工作票种类和电站线路信息后单击 **确 定**，打开工作票界面，见图 6-4。

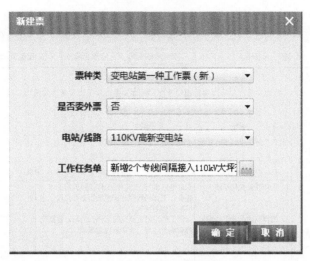

图 6-4　打开工作票界面

步骤 5 ▶ 完善工作票内容，填写并保存内容后单击 🗋 建附票 按钮，创建风险预控卡，见图 6-5。

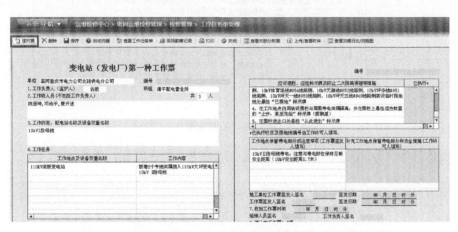

图 6-5　完善工作票内容

步骤 6 ▶ 在新建分票 / 附票界面选择票种类并单击 确 定 打开票面，见图 6-6。

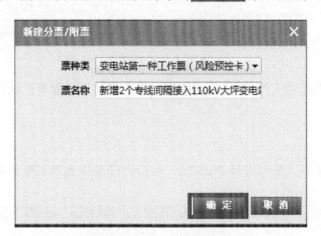

图 6-6　新建分票 / 附票界面

步骤 7 ▶ 填写完善票面信息并保持，点击 📖 查看关联主票，返回主票界面，见图 6-7。

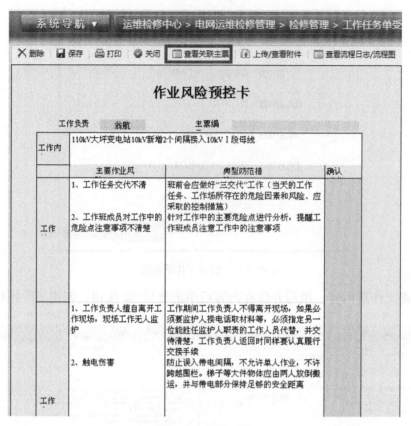

图 6-7 关联主票

步骤 8 确认内容无误后在主票界面单击 ⊙ 启动流程 发送流程，见图 6-8。

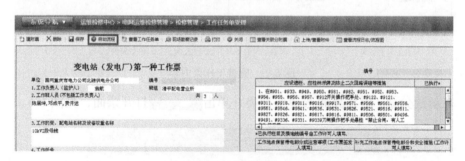

图 6-8 启动流程

步骤 9 选择需要发送的人员单击 ＞ 按钮，将人员信息添加至已选择框并单击确定。

6.1.2 待签发

步骤 1 使用发送签发人账号登录 PMS2.0，在待办任务中找到工作票并打开，见图 6-9。

图 6-9 待办任务

步骤2 填写工作票签发人签名，并单击 📧 保存并发送 按钮，见图 6-10。

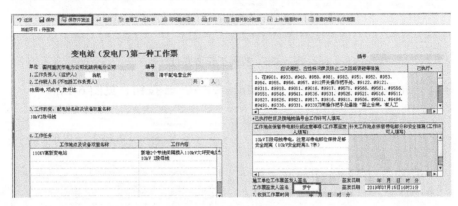

图 6-10　保存并发送

步骤3 选择需要发送的人员单击 ＞ 按钮，将人员信息添加至已选择框并单击确定。

6.1.3　待接票

步骤1 使用发送签发人账号登录 PMS2.0，在待办任务中找到工作票并打开，见图 6-11。

图 6-11　找到工作票并打开

步骤2 填写票面需要填写的信息，并单击 📧 保存并发送 按钮，见图 6-12。

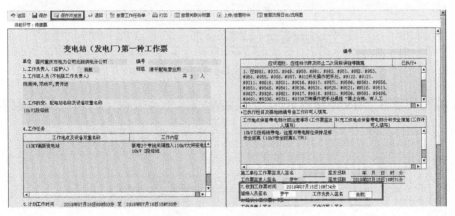

图 6-12　保存并发送

步骤3 选择需要发送的人员单击 ＞ 按钮，将人员信息添加至已选择框并单击确定。

6.1.4　待许可

步骤1 使用发送签发人账号登录 PMS2.0，在待办任务中找到工作票并打开，见图 6-13。

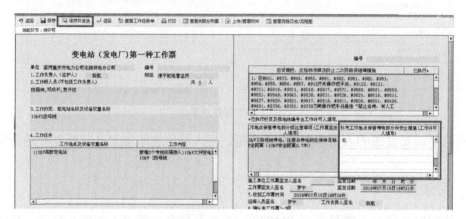

图 6-13 找到工作票并打开

步骤2 ▶ 填写票面需要填写的信息，并单击 ✉ 保存并发送 按钮，见图 6-14。

图 6-14 许可工作票

步骤3 ▶ 选择需要发送的人员单击 **＞** 按钮，将人员信息添加至已选择框并单击确定。

6.1.5 待终结（回填）

步骤1 ▶ 使用发送签发人账号登录 PMS2.0，在待办任务中找到工作票并打开，见图 6-15。

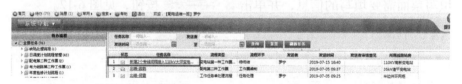

图 6-15 打开待终结工作票

步骤2 ▶ 填写完善主票内容保存并单击 ▦ 查看关联分附票 按钮，回填风险预控卡内容，见图 6-16。

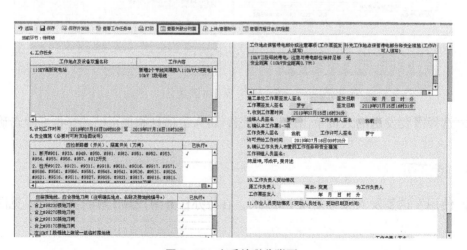

图 6-16 查看关联分附票

步骤3 ▶ 填写风险预控卡内容，并单击 📋 **查看关联主票** 按钮，切换至主票界面，见图 6-17。

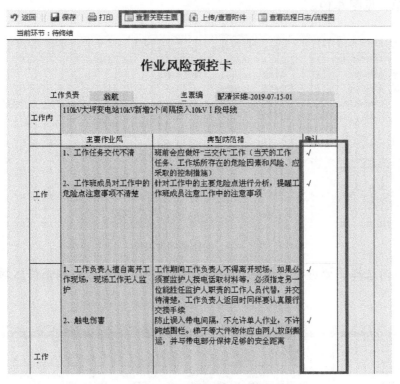

图 6-17 查看关联主票

步骤4 ▶ 确认内容无误后单击 ✉ **保存并发送** 按钮，见图 6-18。

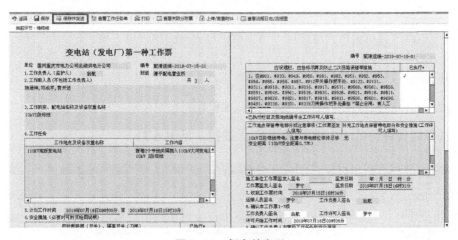

图 6-18 保存并发送

步骤5 ▶ 选择结束单击 ▶ 按钮，将结束添加至已选择框并单击确定，结束工作票流程。

6.1.6 工作票评价

工作票存档后可对工作票进行工作票一、二、三级评价，工作票评价应按照一、二、三级先后顺序进行操作。

步骤1 使用有相应权限账号登录 PMS2.0，进入系统导航→电网运维检修管理→工作票管理 →工作票评价菜单，见图 6-19。

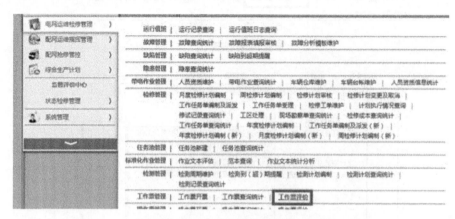

图 6-19 工作票评价菜单

步骤2 导航树选择需要进行评价的班组或部门，也可直接在右侧条件区域选择条件进行查 询，见图 6-20。

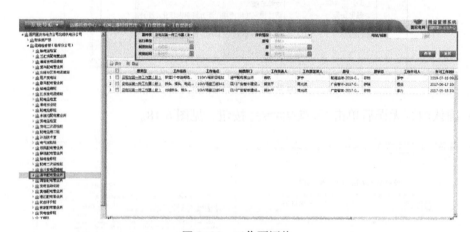

图 6-20 工作票评价

步骤3 选择需要评价的工作票单击 ⚙ 评价 按钮，见图 6-21。

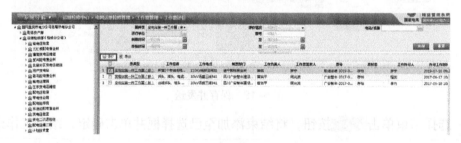

图 6-21 选择需要评价的工作票

步骤4 在评价窗口填写评价信息，选择评价结果并单击确定，见图 6-22。

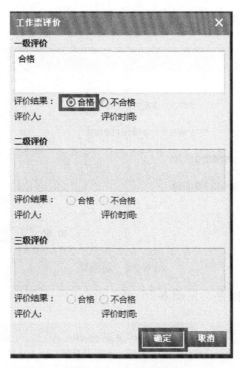

图 6-22　填写评价信息

注：工作票二、三级评价与一级评价操作相同。

6.2　操作票

6.2.1　操作票编制

步骤 1 使用运维人员账号登录 PMS2.0，单击系统导航—电网运维检修管理—操作票管理—操作票开票菜单，见图 6-23。

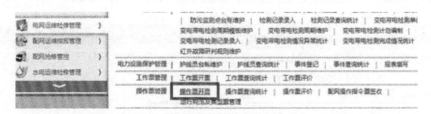

图 6-23　操作票新建

步骤 2 进入菜单后单击 新建 按钮进行开票，见图 6-24。

图 6-24　开票

步骤3 在新建窗口选择票种类、电站线路等信息并单击确定，见图6-25。

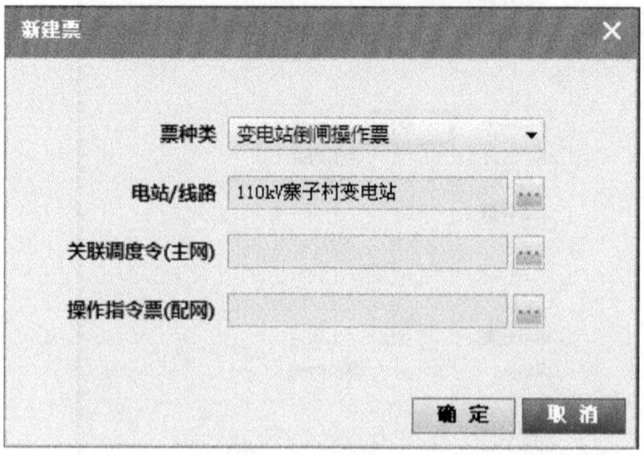

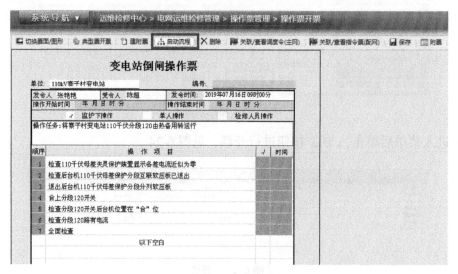

图 6-25　新建票

填写操作票内容，并单击保存，见图6-26。

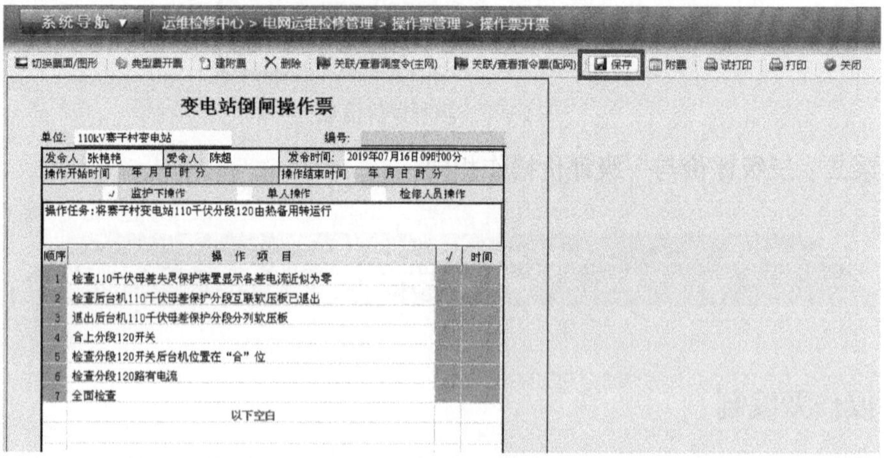

图 6-26　填写操作票内容

步骤4 保存完成后单击 品 启动流程 按钮，发起审核流程，见图6-27。

图 6-27　启动流程

步骤5▸ 在发送人界面选择需要发送的人员并单击  按钮，将人员添加至已选择框，选择完成后单击确定按钮进行发送。

6.2.2　操作票审核

步骤1▸ 用审核人账号登录 PMS2.0，在待办任务找到并打开相应操作票，见图 6-28。

图 6-28　相应操作票

步骤2▸ 确认内容无误后单击发送按钮，见图 6-29。

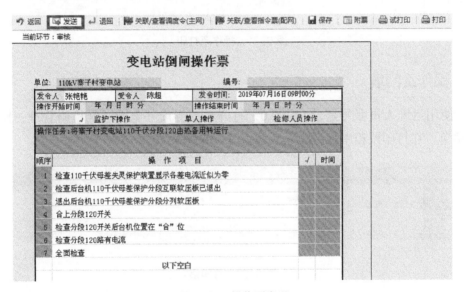

图 6-29　操作票发送

步骤3▸ 选择结束，单击  按钮，将结束添加至已选择框并单击确定。

6.2.3　操作票打印

步骤1▸ 使用运维人员账号登录 PMS2.0，打开系统导航—电网运维检修管理—操作票管理—操作票开票菜单，在审核票箱中找到操作票并打开，见图 6-30。

图 6-30　找到操作票并打开

步骤2▸ 单击 🖶打印 按钮，操作票将生成票号并改变状态为打印票，见图 6-31。

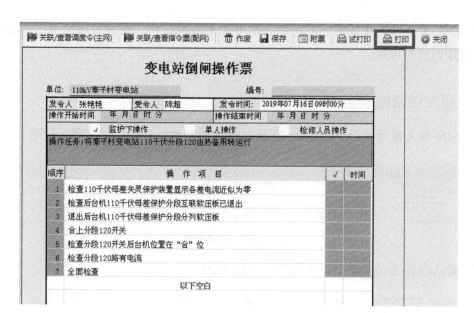

图 6-31 操作票打印

6.2.4 操作票回填

步骤1 使用运维人员账号登录 PMS2.0，打开系统导航—电网运维检修管理—操作票管理—操作票开票菜单，在打印票箱中找到操作票并打开，见图 6-32。

图 6-32 打印票

步骤2 打开票面后单击 ![回填] 回填 按钮，操作票会从打印票变为回填票，见图 6-33。

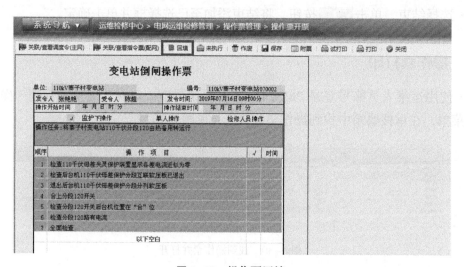

图 6-33 操作票回填

步骤3 回填票面内容并保存，确认无问题后单击 ▧ 终结 按钮，结束操作票流程，见图 6-34。

图 6-34　回填票面内容并保存

6.2.5　操作票评价

步骤1 使用有相应权限账号登录 PMS2.0，进入系统导航—电网运维检修管理—操作票管理—操作票评价菜单，见图 6-35。

图 6-35　操作票评价

步骤2 在导航树选择需要进行评价的班组或部门，也可直接在右侧条件区域选择条件进行查询，见图 6-36。

图 6-36　导航树

步骤3 选择需要评价的操作票单击 ▧ 评价 按钮，见图 6-37。

图 6-37　选择需要评价的操作票

步骤4 在评价窗口填写评价信息，选择评价结果并单击确定，见图 6-38。

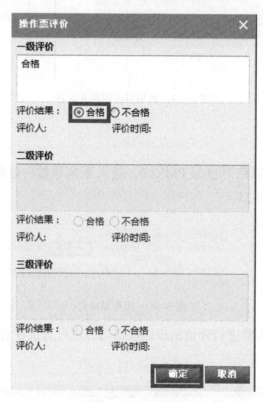

图 6-38　填写评价信息

注：操作票二、三级评价与一级评价操作相同。

▶ 第 7 章

技改大修

7.1 技改需求项目管理操作流程

需求项目管理业务场景说明：技改大修一体化管理分为技改一体化管理和大修一体化管理，技改一体化管理是将技改项目新建、储备、专项、预安排、年度计划原来五库合一，进行精益化管理，对现有电网生产设备、设施及相关辅助设施等资产进行更新、完善和配套，以提高其安全性、可靠性、经济性和满足智能化、节能、环保等要求。生产技术改造投资形成固定资产，是企业的一种资本性支出。生产设备大修是指为恢复现有资产（包括设备、设施以及辅助设施等）原有形态和能力，按项目制管理所进行的修理性工作。大修一体化管理不增加固定资产原值，是企业的一种成本性支出。

需求项目管理流程比储备流程简单，是储备项目的最初雏形，并按选择的审核层级走流程。

7.1.1 技改一体化—需求库管理

以下为项目编制过程操作流程：

步骤1 ▶ 地市班组人员登录 PMS2.0，输入用户名和密码，进入 PMS2.0 首页。

步骤2 ▶ 单击"系统导航"，选择进入"技改一体化管理—需求库管理—需求编制"菜单，见图 7-1。

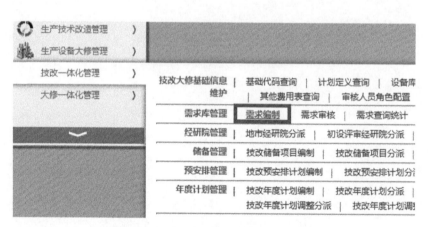

图 7-1 需求编制

步骤3 ▶ 进入菜单后，单击"新建"按钮，开始编制需求信息，见图 7-2。

图 7-2 需求编制

步骤4 ▶ 录入必填基本信息后，单击"保存"，见图 7-3。

图 7-3　需求编制

步骤5 ▶ 改造／大修对象选择，见图 7-4、图 7-5。

图 7-4　改选／大修对象选择一

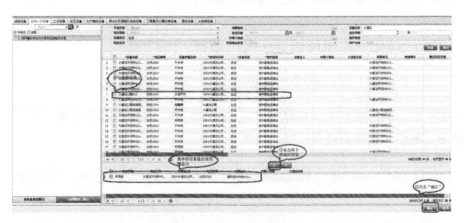

图 7-5　改选／大修对象选择二

步骤6 ▶ 其他附件的维护，见图 7-6。

图 7-6　附件的维护

步骤7 ▶ 编制人上报项目，见图 7-7、图 7-8。

图 7-7　附件的维护

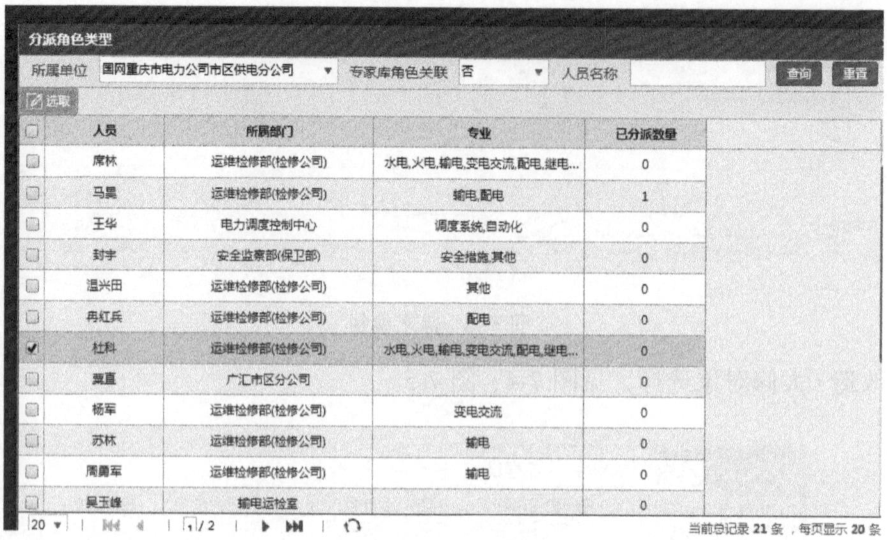

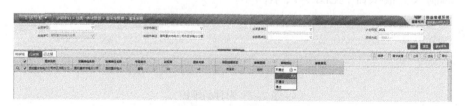

图7-8 分派角色类型

此页面显示的账号为有规范性审核、财务审核、专业性审核、发展审核权限的账号。但是只有分配给有该项目所对应的专业的账号才可以上报成功（修改后重新上报不用选择审核人员）。

此时需求项目已上报到地市某账号进行审核状态。

7.1.2 技改一体化—需求库管理—需求审核

7.1.2.1 需求审核（审核层级—地市）

步骤1▶ 登录地市单位审核人员的账号，进入PMS2.0。选择"需求审核"菜单，对编制人上报的审核层级为"地市"的项目进行审核，见图7-9。

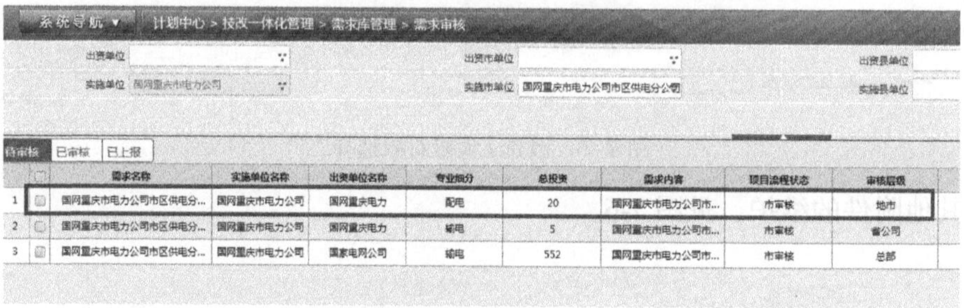

图7-9 需求审核

步骤2▶ 单击"批量审核"，填写审核结论并保存。

步骤3▶ 在"已审核"页签，可以修改已审核通过的项目，修改为"不通过"并填写审核意见，见图7-10。

图7-10 "已审核"页签

步骤4 在"已审核"页签，可以看到审核通过的项目，单击"上报"，见图7-11。

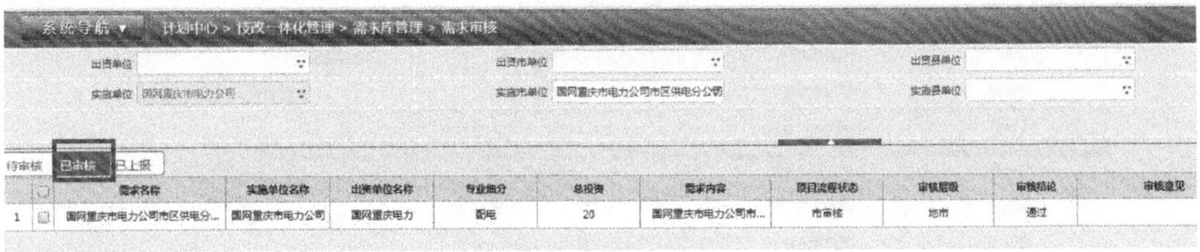

图 7-11　已审核

步骤5 在"需求查询统计"菜单，审核层级为"地市"的项目在地市单位单击"上报"后，项目的状态即为"已批复"，即可以到储备编制页面选到储备项目，见图7-12。

图 7-12　需求审核

7.1.2.2　需求审核（审核层级—省公司）

步骤1 登录地市单位审核人员的账号，进入 PMS2.0。选择"需求审核"菜单，对编制人上报的审核层级为"省公司"的项目进行审核，见图7-13。

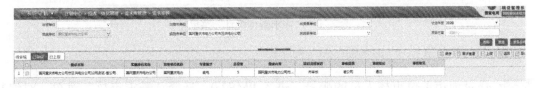

图 7-13　需求审核

步骤2 单击"批量审核"，填写审核结论并保存。

步骤3 在"已审核"页签，可以看到审核通过的项目。单击"上报"并选择省公司审核专家账号，见图7-14、图7-15。

图 7-14　"已审核"页签

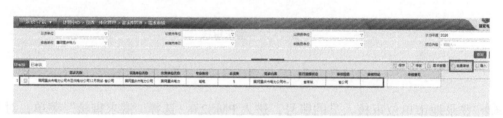

图 7-15　分派角色类型

此页面显示的账号为有规范性审核、财务审核、专业性审核、发展审核权限的账号。但是只有分配给有专业性审核权限的账号才可以上报成功。

步骤4 登录省公司审核人员账号，进入"需求审核"菜单的"待审核"页签，可以看到待审核的项目。单击"批量审核"，填写审核结论并保存，见图7-16。

图 7-16　"待审核"页签

步骤5 在"已审核"页签，可以看到审核通过的项目。单击"上报"，见图7-16。

步骤6 在"需求查询统计"菜单，审核层级为"省公司"的项目在省公司账号审核后单击"上报"，项目的状态即为"已批复"，即可以到储备编制页面选到储备项目，见图7-17。

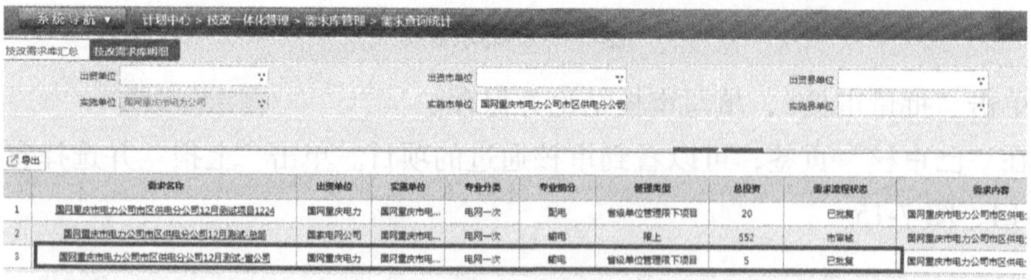

图 7-17　"需求查询统计"菜单

7.1.2.3　需求审核（审核层级—总部）

步骤1 登录地市单位审核人员的账号，进入PMS2.0。选择"需求审核"菜单，对编制人上报的审核层级为"总部"的项目进行审核。

步骤2 单击"批量审核",填写审核结论并保存。

步骤3 在"已审核"页签,可以看到审核通过的项目。单击"上报"并选择省公司审核专家账号,见图 7-18、图 7-19。

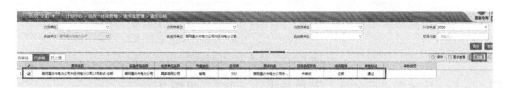

图 7-18 "已审核"页签

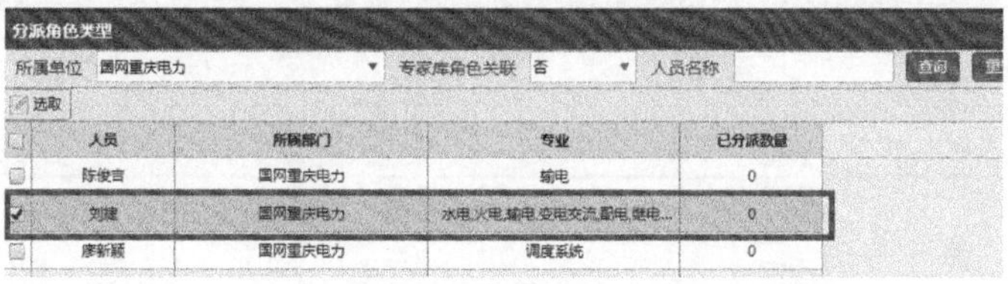

图 7-19 分派角色类型

此页面显示的账号为有规范性审核、财务审核、专业性审核、发展审核权限的账号。但是只有分配给有专业性审核权限的账号才可以上报成功。

步骤4 登录省公司审核人员账号,进入"需求审核"菜单的"待审核"页签,可以看到待审核的项目。单击"批量审核",填写审核结论并保存,见图 7-18。

步骤5 在"已审核"页签,可以看到审核通过的项目。单击"上报",见图 7-18。

步骤6 在"需求查询统计"菜单,审核层级为"省公司"的项目在省公司账号审核后单击"上报",项目的状态即为"已批复",即可以到储备编制页面选到储备项目,见图 7-17。

7.1.3 技改一体化—需求库管理—技改需求回收站

7.1.3.1 需求项目移除

步骤1 编制人员登录 PMS2.0。

步骤2 进入"需求编制"菜单,选择该项目,单击"移除",见图 7-20。

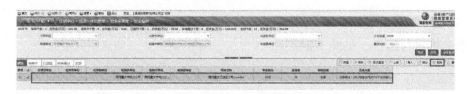

图 7-20 需求库管理

此时该需求项目就在"技改需求回收站"可以查看并还原。

7.1.3.2 需求项目还原

步骤1 地市班组人员登录 PMS2.0。

步骤2 进入"技改需求回收站"菜单,见图 7-21。

图 7-21 技改需求回收站

步骤3 ▶ 进入"技改需求回收站"菜单单击"还原"，见图 7-22。

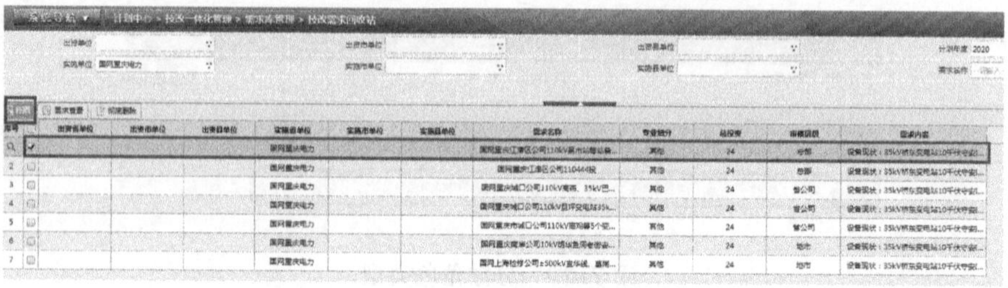

图 7-22 还原

7.1.3.3 需求项目彻底移除

步骤1 ▶ 地市班组人员登录 PMS2.0。

步骤2 ▶ 进入"技改需求回收站"菜单单击"彻底移除"，见图 7-22。

7.1.4 技改一体化—需求库管理—需求查询统计

任何有技改大修权限的人，登录 PMS2.0，单击菜单"需求查询统计"，见图 7-23。

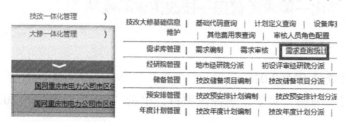

图 7-23 菜单"需求查询统计"

根据需求名称进行筛选，见图 7-24。

图 7-24 技改需求库明细

7.2 技改储备项目管理操作流程

储备项目管理业务场景说明：技改大修一体化管理分为技改一体化管理和大修一体化管理，技改一体化管理是将技改项目新建、储备、专项、预安排、年度计划原来五库合一，进行精益化管理，对现有电网生产设备、设施及相关辅助设施等资产进行更新、完善和配套，以提高其安全性、可靠性、经济性和满足智能化、节能、环保等要求。生产技术改造投资形成固定资产，是企业的一种资本性支出。生产设备大修是指为恢复现有资产（包括设备、设施以及辅助设施等）原有形态和能力，按项目制管理所进行的修理性工作。大修一体化管理不增加固定资产原值，是企业的一种成本性支出。

储备项目管理是每年设备部计划处的重点工作。整个流程从项目立项、确定专业细分、总投资等信息后，上报到地市和省公司的规范性、专业性、财务合规性、发展部审核，最终上报给总部审核。

7.2.1 技改一体化—技改储备项目编制

7.2.1.1 储备项目编制

字段来源说明：

（1）出资省单位：根据出资单位自动获取。

（2）出资市单位、出资县单位：根据人员账号自动代入当前账号所在的市公司（重庆无出资县单位）。

（3）资产性质：根据出资单位判定。

（4）是否他省代维：根据出资单位和实施省单位判定。

（5）实施省单位、实施市单位、实施县单位：根据账号判定（重庆都无实施县单位）。

（6）编制部门、编制人：根据登陆 PMS2.0 的账号判定。

（7）编制时间：系统自动获取。

（8）计划年度：根据项目开始时间自动获取。

（9）项目管理类型：根据专业类型、出资单位及资金判断。

（10）专业类别：根据专业细分判定。

（11）总投资：根据估算书自动带入。

（12）当年投资：根据分年度投资自己修改。

（13）是否跨年：根据开始时间和结束时间自动判定。

（14）线路类型：输电专业时手动填写，其他专业不填。

（15）储备项目级别：暂时未启用。

（16）是否直供直管：是否人员账号为县公司，人员账号的部门性质为直管。

（17）项目编码：由项目组维护。

（18）可研批复文号、可研评审文号：关联文号才显示。

（19）项目类型：根据专业类型、出资单位及资金判断。

（20）设备主材料：估算书的附表1~附表4带入；还可以直接由主材库选择。

（21）拆旧物资：手动新建。

（22）项目建议书的主材和拆旧跟页签的数据一致。

（23）规模成效：现处于测试阶段，以后会取代现有的项目规模和项目成效。

7.2.1.2　项目编制过程操作流程

步骤1▶ 地市班组人员登录PMS2.0。

步骤2▶ 单击"系统导航"，选择进入"技改一体化管理—技改储备项目编制"菜单，见图7-25。

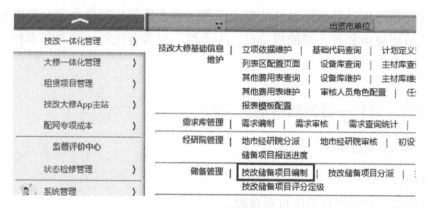

图7-25　项目编制

步骤3▶ 进入菜单后，单击"储备项目选取"按钮，开始编制项目信息，见图7-26。

图7-26　编制项目信息

步骤4▶ 录入必填基本信息后，单击"保存"，见图7-27。

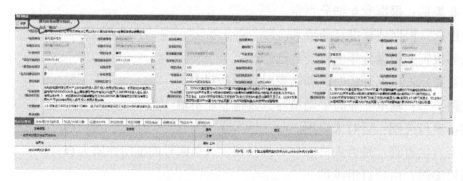

图7-27　录入必填基本信息

步骤5 ▸ 上传项目估算书的封面及签字页等附件，单击"上传"，见图 7-28。

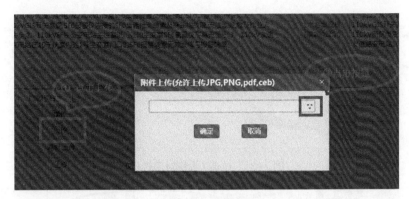

图 7-28　上传项目估算书的封面及签字页

步骤6 ▸ 上传项目估算书，点击"上传"；详情见图 7-29 项目编制

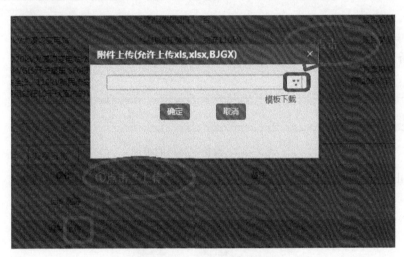

图 7-29　上传项目估算书

步骤7 ▸ 估算书上传后，系统自动识别估算书的总投资，如果项目跨年，再修改当年投资，见图 7-30。

图 7-30　项目书的总投资

步骤8▶ 改造/大修对象选择，见图 7-31、图 7-32。

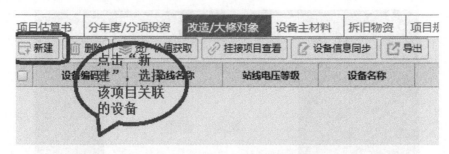

图 7-31　改造/大修对象选择

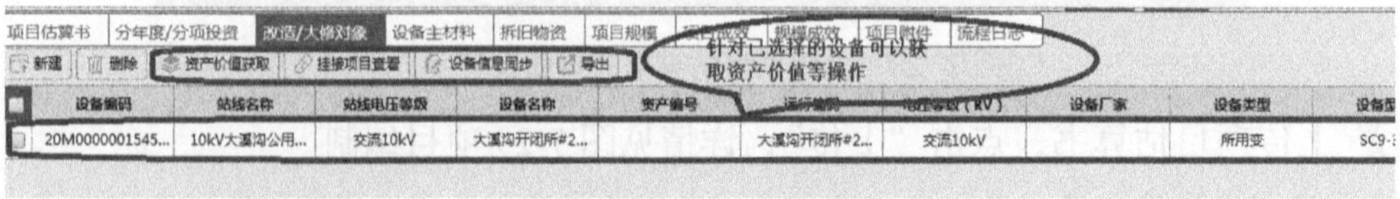

图 7-32　资产价值

步骤9▶ 设备主材料的维护，见图 7-33。

图 7-33　设备主材料的维护

步骤10▶ 拆旧物资维护，见图 7-34。

图 7-34　拆旧物资维护

步骤11▶ 规模成效（新）填写变压器台数，单击"保存"，见图 7-35。

图 7-35　规模成效（新）

步骤12▶ 在线编辑项目建议书，见图 7-36。

图 7-36　项目建议书

步骤13▶ 其他附件的维护，见图 7-37、图 7-38。

图 7-37　其他附件的维护

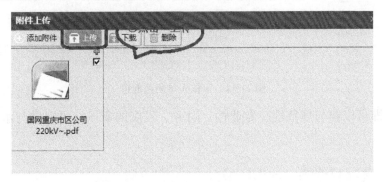

图 7-38　上传

步骤14▶ 编制人上报项目，见图 7-39。

图 7-39　编制人上报项目

此时储备项目已上报到地市审核流程状态。

7.2.1.3　应急项目编制

步骤1▶ 应急项目与储备项目的编制几乎一致，唯一区别只有一个字段"专项类别"。如果是储备项目，该字段为空；如果是应急项目，选择专项类别为"应急项目"，见图 7-40。

图 7-40　应急项目编制

步骤2 选择"应急项目"标识后，单击保存，该项目即为应急项目。

7.2.2　技改一体化—技改储备项目分派

7.2.2.1　审核人员角色配置

地市单位计划专责登录 PMS2.0；分派之前，需要配置本单位的审核人员角色，见图 7-41。

图 7-41　审核人员角色配置

此时，该人员即可以参与规范性、专业性、财务、发展的审核。可以参与水电、火电等配置页面已选的专业。

7.2.2.2　储备项目分派—地市环节

步骤1 切换到"技改储备项目分派"菜单，将编制人上报的储备项目或者应急项目分派给地市专家审核，见图 7-42。

图 7-42　"技改储备项目分派"菜单

步骤2 进入"技改储备项目分派"菜单后，此时在"未分派"页签可以查看编制人上报的未分派项目明细。此时选择某一项目进行分派操作，分派给对应的审核人员进行审核、规范性审核，见图 7-43、图 7-44。专业性审核，见图 7-45。

图 7-43　分派

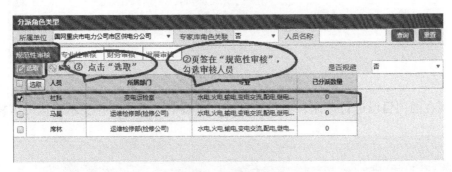

图 7-44　规范性审核

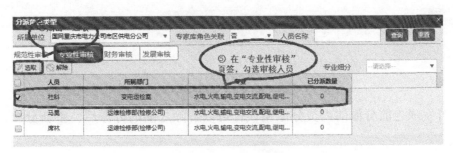

图 7-45　专业性审核

财务审核：如果在流程中需要跨单位选择审核人员，在"所属单位"和"专家库角色关联"两个选项进行如图 7-46 所示选择。

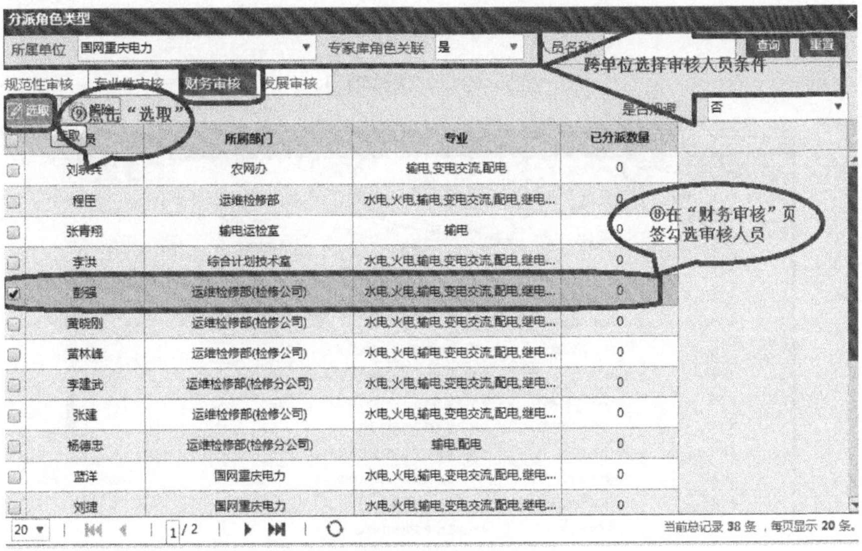

图 7-46　财务审核

步骤3 此时表示规范性审核、专业性审核、财务审核这三个最基本的审核人员已分派，见图7-47。

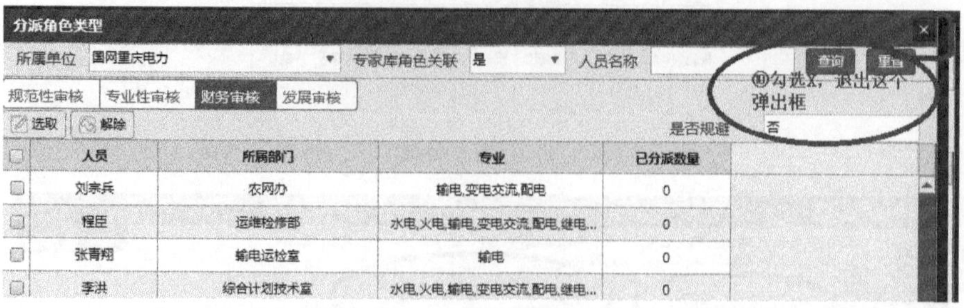

图7-47 审核人员已分派

步骤4 现在的项目已进行分派，项目在页签"审核中"显示，并显示对应的审核人名称，见图7-48。

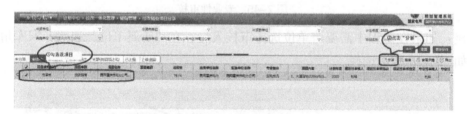

图7-48 项目已进行分派

步骤5 若发现之前分派的人员分派错误，可以解除之前的分派后，重新分派，见图7-49、图7-50。

图7-49 勾选该项目

图7-50 重新分派

步骤6 然后在同一页签，重新分派，见图 7-51。

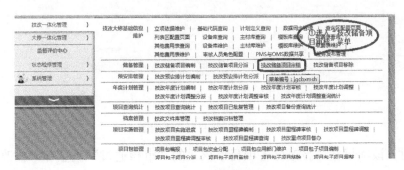

图 7-51　勾选

7.2.3　技改一体化—技改储备项目审核

拥有菜单的审核人员登录 PMS2.0，进入"技改储备项目审核"菜单，见图 7-52。

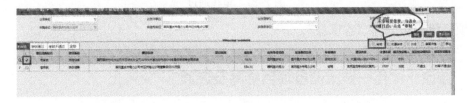

图 7-52　项目储备审核

7.2.3.1　储备项目审核—地市环节

步骤1 审核人账号打开"技改储备项目审核"菜单后，选择项目，单击审核进行项目审核，见图 7-53。

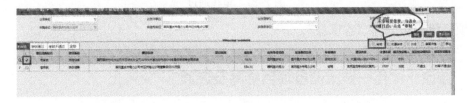

图 7-53　项目储备审核

步骤2 规范性审核人员审核项目规范性无问题，单击"保存"，见图 7-54。

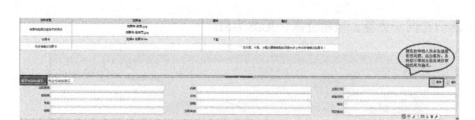

图 7-54　规范性无问题

步骤3▶ 专业性审核人员审核项目专业性无问题，单击"保存"，见图 7-55。

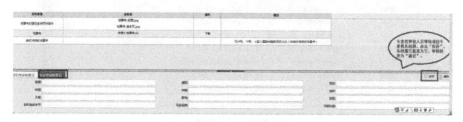

图 7-55　专业性无问题

步骤4▶ 财务审核人员审核项目财务无问题，单击"保存"，见图 7-56。

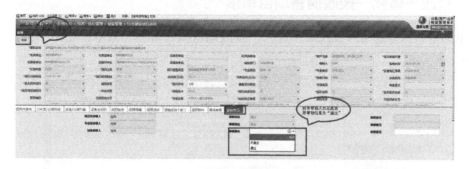

图 7-56　项目财务无问题

步骤5▶ 此时，该项目在"技改储备项目审核"的"审核通过"页签和"技改储备项目分派"的"审核通过"页签展示，并且可以进行下一步操作，见图 7-57。

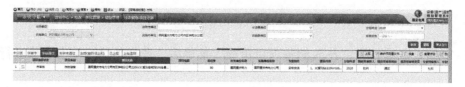

图 7-57　审核通过

此时，项目流程状态为"省审核"。

7.2.4　技改一体化—技改储备项目移除及还原

7.2.4.1　储备项目移除

步骤1▶ 地市班组人员登录 PMS2.0。

步骤2▶ 进入"技改储备项目回收站"菜单，见图 7-58。

图 7-58　技改储备项目回收站

7.2.4.2　储备项目还原

步骤 1　地市班组人员登录 PMS2.0。

步骤 2　进入"技改储备项目回收站"菜单，见图 7-59。

图 7-59　项目移除还原

步骤 3　进入"技改储备项目回收站"菜单单击"还原"，见图 7-60。

图 7-60　单击"还原"

7.2.4.3　储备项目彻底移除

步骤 1　地市班组人员登录 PMS2.0。

步骤 2　进入"技改储备项目回收站"菜单单击"彻底移除"，见图 7-61。

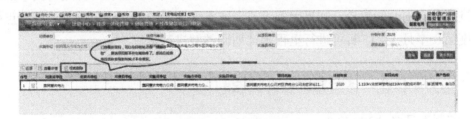

图 7-61　彻底移除

7.2.5　技改一体化—技改项目查询统计

任何有技改大修权限的人，登录精益管理系统，输入用户名和密码，进入 PMS2.0 首页单击菜单"技改项目查询统计"，见图 7-62。

图 7-62　技改项目查询统计

根据项目类型进行筛选，见图 7-63。

图 7-63　技改项目筛选

7.3　技改里程碑计划管理操作流程

里程碑计划业务场景说明：技改大修一体化管理分为技改一体化管理和大修一体化管理，技改一体化管理是将技改项目新建、储备、专项、预安排、年度计划原来五库合一，进行精益化管理，对现有电网生产设备、设施及相关辅助设施等资产进行更新、完善和配套，以提高其安全性、可靠性、经济性和满足智能化、节能、环保等要求。生产技术改造投资形成固定资产，是企业的一种资本性支出。生产设备大修是指为恢复现有资产（包括设备、设施以及辅助设施等）原有形态和能力，按项目制管理所进行的修理性工作。大修一体化管理不增加固定资产原值，是企业的一种成本性支出。

里程碑计划是基于当年年度计划已下达的情况下，编制当年的里程碑计划时间节点。用于每个月填写实际进度节点的时间参考。如果因施工或者方案变更等原因导致里程碑计划节点变更，系统提供每个季度第一个月 1～15 日可进行里程碑计划调整并进行审核。

7.3.1　技改一体化—技改里程碑计划编制

步骤1▶ 编制人员登录 PMS2.0。

步骤2▶ 进入"技改项目里程碑计划编制"菜单，见图 7-64。

图 7-64　里程碑计划

步骤3▶ 选择计划年度为 2019，单击"查询"，可以看到已审批通过的年度计划项目信息，并且可以编制里程碑计划，见图 7-65。

图 7-65　里程碑计划编制

步骤4▶ 根据实际情况，填写里程碑时间节点，见图 7-66。

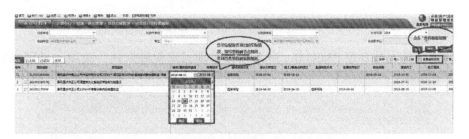

图 7-66　填写里程碑时间节点

步骤5▶ 编制人员填写里程碑计划时间节点后，单击"保存"。如有问题，系统会提示具体的节点时间不符合规则，见图 7-67。

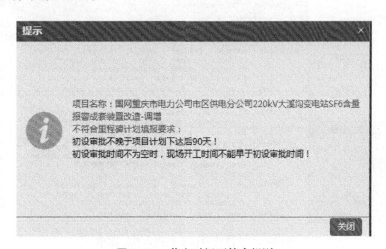

图 7-67　节点时间不符合规则

步骤6 ▶ 根据系统提示，修改初设审批时间后单击"保存"即提示"保存成功"，见图 7-68。

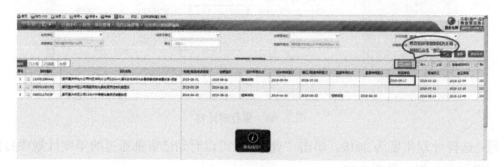

图 7-68　保存成功

步骤7 ▶ 单击"上报"，开启审核流程，见图 7-69。

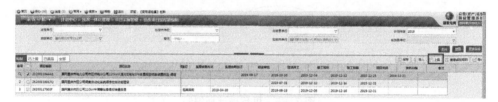

图 7-69　开启审核流程

7.3.2　技改一体化—技改里程碑计划审核—地市审核

步骤1 ▶ 地市审核人员登录 PMS2.0，进入"技改项目里程碑审核"菜单，见图 7-70。

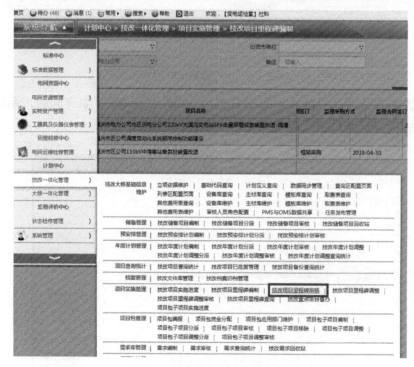

图 7-70　"技改项目里程碑审核"菜单

步骤 2 ▸ 选中项目，单击"审核"，见图 7-71。

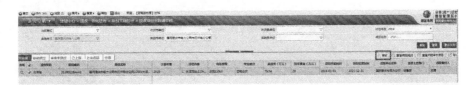

图 7-71　里程碑计划审核

步骤 3 ▸ 如果该里程碑有问题，就填写审核意见，审核结论为不通过；如果该里程碑没有问题，即审核意见为空，审核结论为通过。

步骤 4 ▸ 审核通过后，在审核通过页签可以看到该项目。单击"审核"，可以重新修改审核结论。单击"上报"，即可将该项目的审核流程发送到省公司环节，见图 7-72。

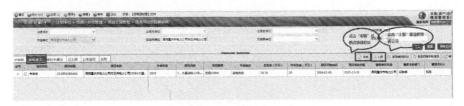

图 7-72　审核流程发送

此时，该项目的里程碑计划流程完成。可以进行下一步实施进度维护的操作。

7.3.3　技改一体化—技改里程碑计划调整编制

关于技改里程碑计划调整，系统只在每个季度第一个月的 1～15 日可以选取当年的里程碑进行调整。

步骤 1 ▸ 编制人员登录 PMS2.0，见图 7-73。

图 7-73　里程碑计划调整

步骤 2 ▸ 单击"里程碑调整选取"，见图 7-74。

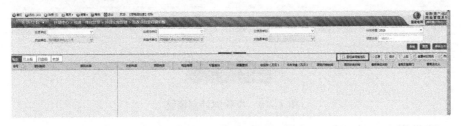

图 7-74　里程碑调整选取

步骤3 ▶ 勾选项目，单击"选取"，见图 7-75。

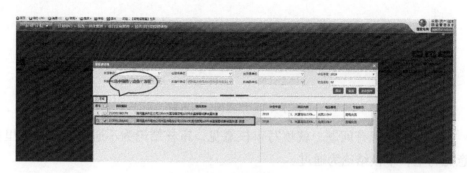

图 7-75　项目选取

步骤4 ▶ 如果该项目的里程碑计划不需要调整，单击"还原"，见图 7-76。

图 7-76　项目不需要调整

步骤5 ▶ 针对需要调整的里程碑，填写调整原因，见图 7-77。

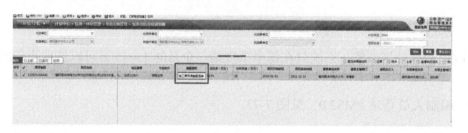

图 7-77　填写调整原因

步骤6 ▶ 里程碑调整只能调整当前月以后的时间节点。比如当前 7 月只能调整 8 月及以后的时间节点，见图 7-78。

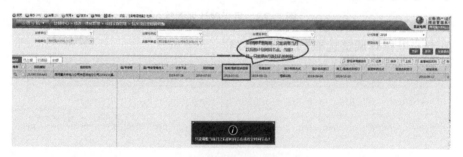

图 7-78　里程碑计划调整

步骤7 ▶ 也就是说本次的调整，只要 10 月 31 号之前的节点需要调整的都要调整。因为下一季度就不能调了。调整之后，单击"保存"，见图 7-79。

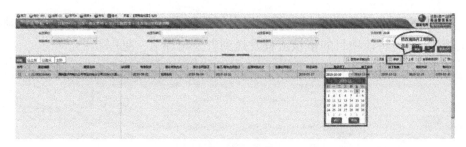

图 7-79 保存

步骤8 调整后，单击"上报"，开启里程碑计划调整审核流程。

7.3.4 技改一体化—技改里程碑调整审核—地市审核

步骤1 地市审核人员登录 PMS2.0。进入"技改项目里程碑调整审核"菜单，见图 7-80。

图 7-80 "技改项目里程碑调整审核"菜单

步骤2 选中项目，单击"审核"，见图 7-81。

图 7-81 里程碑计划调整审核

步骤3 如果该里程碑有问题，就填写审核意见，审核结论为不通过。如果该里程碑没有问题，即审核意见为空，审核结论为通过，见图 7-82。

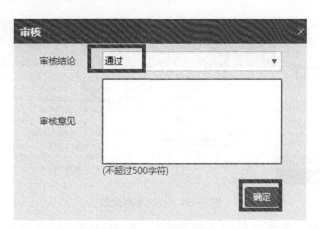

图 7-82 计划调整审核通过

步骤4 审核通过后，在审核通过页签可以看到该项目。单击"审核"，可以重新修改审核结论。单击"上报"，即可将该项目的审核流程发送到省公司环节，见图7-83。

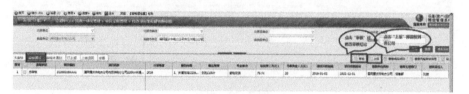

图7-83 计划调整审核上报

此时，该项目的里程碑调整流程完成。可以进行下一步实施进度维护的操作。

7.4 技改年度计划管理操作流程

年度计划管理业务场景说明：技改大修一体化管理分为技改一体化管理和大修一体化管理，技改一体化管理是将技改储备项目新建、子项目、专项、预安排、年度计划原来五库合一，进行精益化管理，对现有电网生产设备、设施及相关辅助设施等资产进行更新、完善和配套，以提高其安全性、可靠性、经济性和满足智能化、节能、环保等要求。生产技术改造投资形成固定资产，是企业的一种资本性支出。生产设备大修是指为恢复现有资产（包括设备、设施以及辅助设施等）原有形态和能力，按项目制管理所进行的修理性工作。大修一体化管理不增加固定资产原值，是企业的一种成本性支出。

年度计划管理是每年设备部计划处的重点工作。从项目立项审批通过后，选到年度计划再进行第二次修改并上报总部。其中包括了地市和省公司的规范性、专业性、财务合规性、发展部审核等流程。

7.4.1 技改一体化—技改年度计划管理

7.4.1.1 年度计划编制

步骤1 储备项目的编制人登录PMS2.0，并打开"技改年度计划编制"菜单，见图7-84。

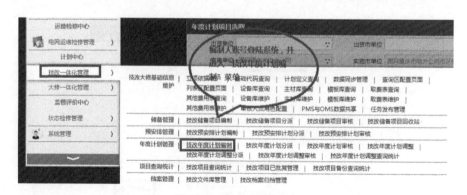

图7-84 技改年度计划

步骤2 在编制页面，单击"年度计划选取"，页面显示当前登录人员编制的已批复储备项目，可选为年度计划。勾选某项目后，单击"选取"，即该项目选为年度计划，见图7-85。

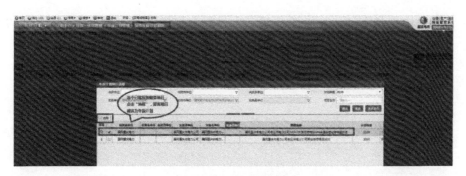

图 7-85 年度计划选取

步骤3 如果已选为年度计划的项目需要退回到年度计划项目，可以选中储备，单击"移除"，即该项目恢复为储备项目，不在年度计划显示，见图 7-86。

图 7-86 技改年度计划移除

步骤4 编制页面可将已选为年度计划的项目进行修改并上报，见图 7-87。

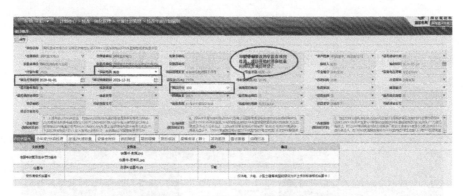

图 7-87 技改年度计划修改并上报

步骤5 分年度投资可进行修改当年投资，见图 7-88。

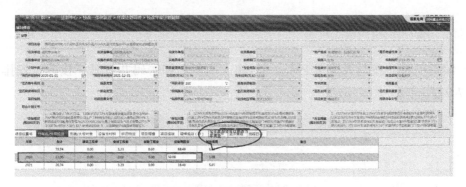

图 7-88 分年度投资修改

步骤6 ▶ 设备可更新状态评价和缺陷数量。主材料、规模成效不可以修改，见图7-89。

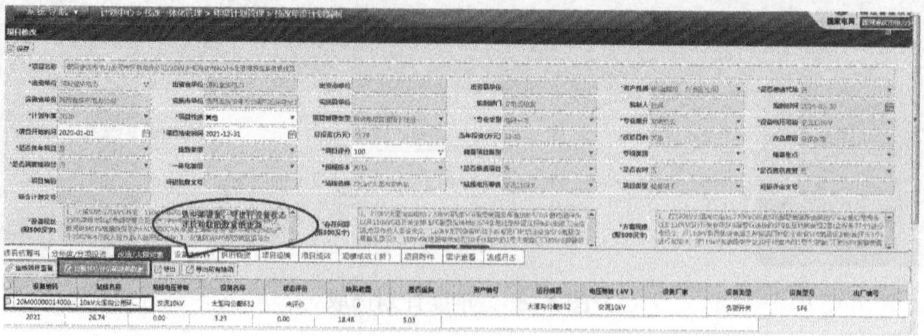

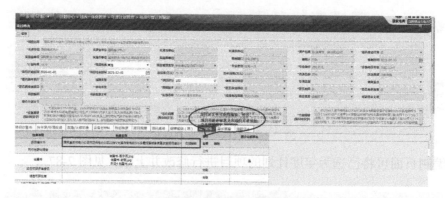

图7-89　技改年度计划修改

步骤7 ▶ 除了估算书其他附件可维护，见图7-90。

图7-90　技改年度计划维护

步骤8 ▶ 修改后的项目单击"上报"，开始审批流程，见图7-91。

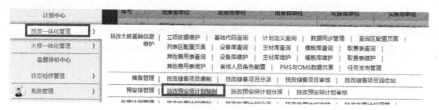

图7-91　技改年度计划审批

7.4.1.2　预安排项目编制

步骤1 ▶ 储备项目的编制人登录PMS2.0，输入用户名和密码并打开"技改预安排计划编制"
菜单，见图7-92。

图7-92　预安排项目编制

步骤 2 ▶ 在预安排编制界面，单击"预安排计划选取"，选择"预安排计划定义名称"后，选中页面，显示当前登录人员编制的已批复储备项目，可选为预安排计划，单击"选取"，见图 7-93。

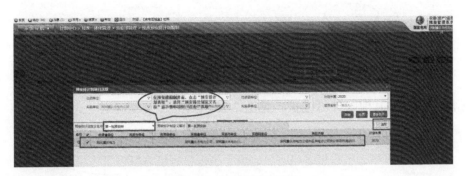

图 7-93 预安排计划选取

步骤 3 ▶ 选为预安排的项目后，需要维护计划定义原因，单击"批量维护计划原因"可批量维护，单击"修改"可单独维护计划原因，以及项目性质、项目开始时间和结束时间和项目评分，见图 7-94、图 7-95。

图 7-94 批量维护计划原因

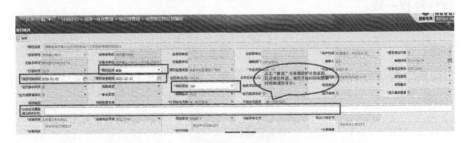

图 7-95 修改

步骤 4 ▶ 在预安排编制界面，单击"修改"，可修改当年投资资金，见图 7-96。

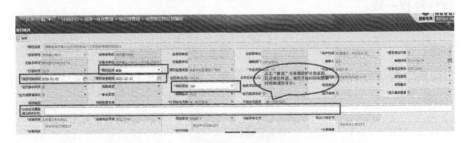

图 7-96 预安排编制界面

步骤5 ▶ 设备可更新状态评价和缺陷数量，见图7-97。

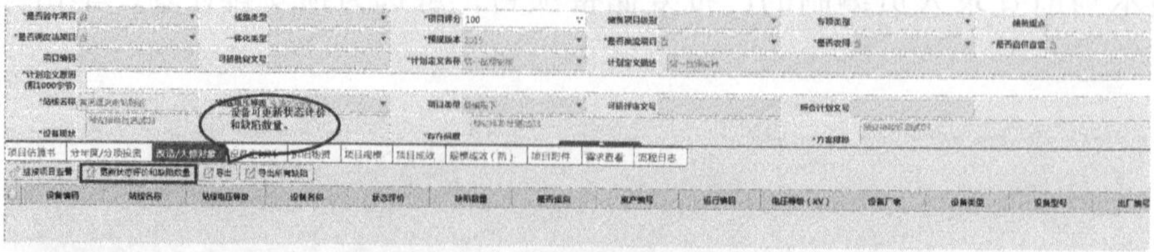

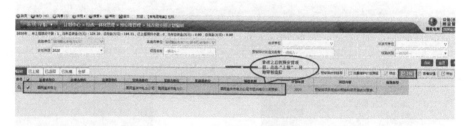

图7-97 预安排项目编制更新

步骤6 ▶ 除了估算书其他附件可维护，见图7-98。

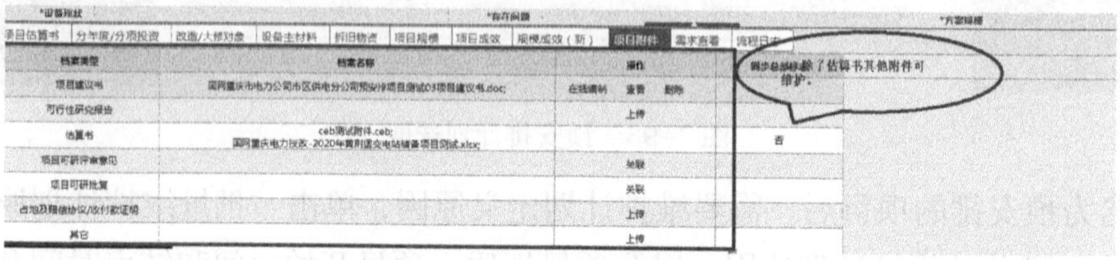

图7-98 预安排项目编制维护

步骤7 ▶ 在预安排编制界面，修改预安排项目后，单击"上报"，见图7-99。

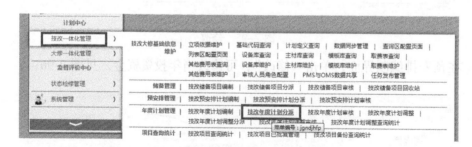

图7-99 预安排项目编制上报

注：预安排计划流程使用"技改预安排计划分派"和"技改预安排计划审核"菜单，并同以下的计划分派、审核流程一致。

7.4.1.3 技改一体化—技改年度计划分派—地市环节

步骤1 ▶ 切换到"技改年度计划项目分派"菜单，将编制人上报的年度计划项目分派给地市专家审核，见图7-100。

图7-100 技改年度计划项目分派

步骤2 ▶ 规范性审核：进入"技改年度计划项目分派"菜单后，此时在"未分派"页签可以查看编制人上报的未分派项目明细。此时选择某一项目进行分派操作，分派给对应的审核人员进行审核，见图7-101、图7-102。

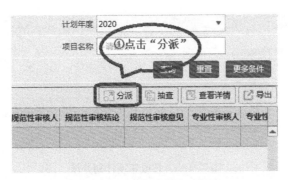

图 7-101　技改年度计划分派

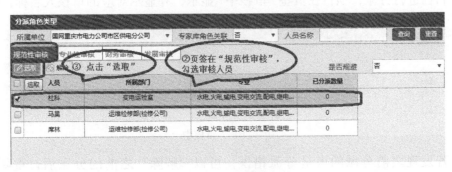

图 7-102　规范性审核

步骤 3▸ 专业性审核：分派给对应的审核人员进行审核，见图 7-103。

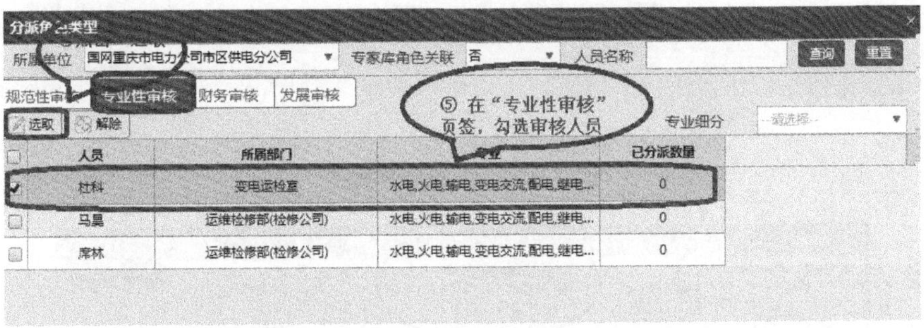

图 7-103　专业性审核

步骤 4▸ 财务审核：如果在流程中需要跨单位选择审核人员，在"所属单位"和"专家库角色关联"两个选项进行选择，见图 7-104。

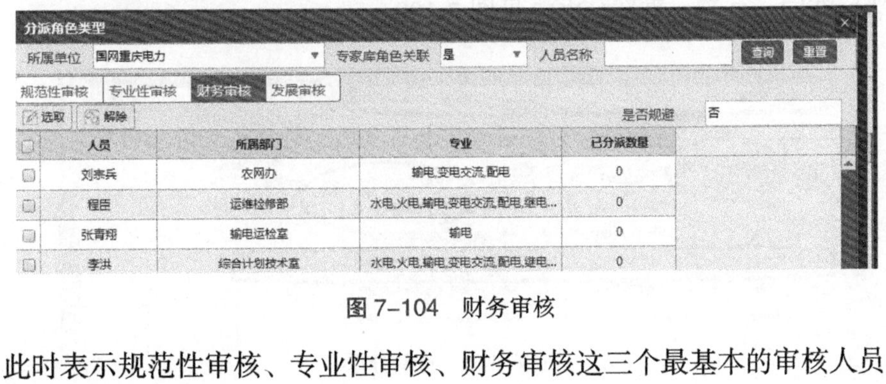

图 7-104　财务审核

步骤 5▸ 此时表示规范性审核、专业性审核、财务审核这三个最基本的审核人员已分派。单击"×"，退出弹出框，见图 7-105。

图 7-105　技改年度计划分派

现在的项目已进行分派，项目在页签"审核中"显示，并显示对应的审核人名称，见图 7-106。

图 7-106　审核中

步骤6 若发现之前分派的人员分派错误，可以"解除"之前的分派后，重新分派，见图 7-107、图 7-108。

图 7-107　发现分派错误

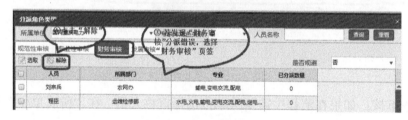

图 7-108　分派错误

步骤7 然后在同一页签，重新分派，见图 7-109。

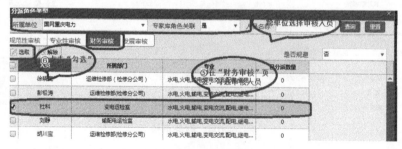

图 7-109　重新分派

7.4.1.4 技改一体化—技改年度计划审核—地市环节

步骤1 拥有权限的地市审核人员登录 PMS2.0，进入"技改年度计划审核"菜单，见图 7-110。

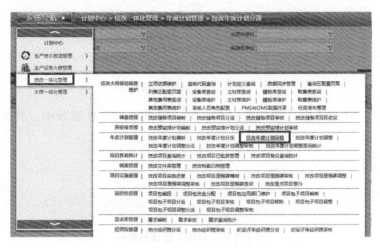

图 7-110 技改年度计划审核

步骤2 审核人账号打开"技改年度计划审核"菜单后，选择项目，单击审核进行项目审核，见图 7-111。

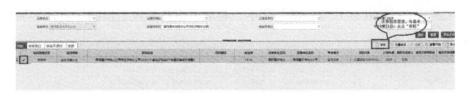

图 7-111 进行项目审核

步骤3 规范性审核人员审核项目规范性无问题，单击"保存"，见图 7-112。

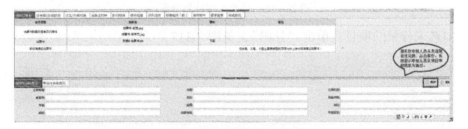

图 7-112 规范性无问题

步骤4 专业性审核人员审核项目专业性无问题，单击"保存"，见图 7-113。

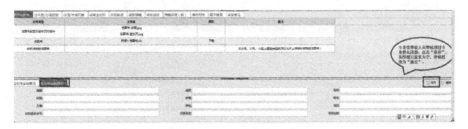

图 7-113 专业性无问题

步骤5 财务审核人员审核项目财务无问题，单击"保存"，见图7-114。

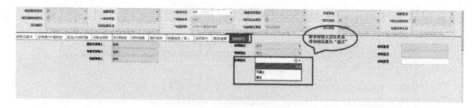

图7-114 财务无问题

此时，该项目在"技改年度计划调整分派"的"审核通过"页签展示，并且可以进行下一步操作，见图7-115。

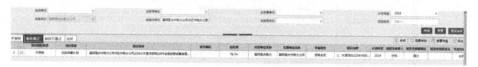

图7-115 技改年度计划审核

此时，项目流程状态为"省审核"。

7.4.1.5 技改一体化—技改年度计划分派—省公司环节

步骤1 切换到"技改年度计划分派"菜单，将地市审核通过上报的年度计划项目分派给省公司专家审核，见图7-116。

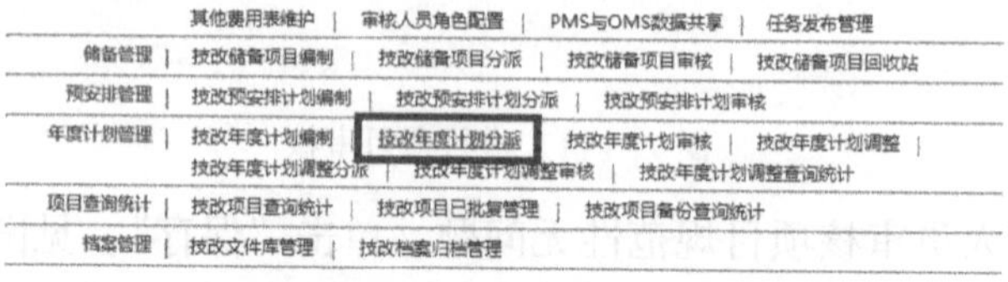

图7-116 技改年度计划分派

步骤2 勾选未分派的项目，单击"分派"，见图7-117。

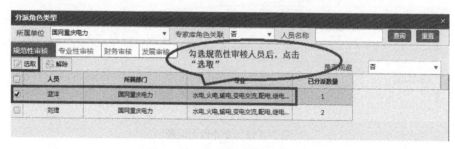

图7-117 勾选未分派的项目

步骤3 勾选规范性审核人员后，单击"选取"，见图7-118。

图7-118 勾选规范性审核人员

步骤4 勾选专业性审核人员后，单击"选取"，见图 7-119。

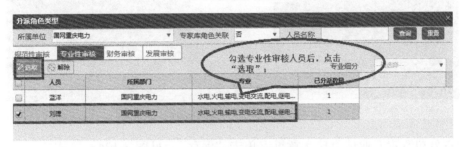

图 7-119　勾选专业性审核人员

步骤5 勾选财务审核人员后，单击"选取"，见图 7-120。

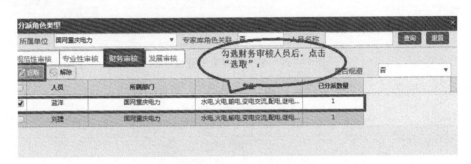

图 7-120　勾选财务审核人员

步骤6 此时，该项目在"技改年度计划分派"的"审核中"页签可以查看。

7.4.1.6　技改一体化—技改年度计划审核—省公司环节

步骤1 省公司审核人员登录 PMS2.0，进入"技改年度计划审核"菜单，见图 7-121。

图 7-121　进入"技改年度计划分派"菜单

步骤2 切换到"技改年度计划审核"菜单，将省公司专责分派给省公司专家审核进行审核，见图 7-122。

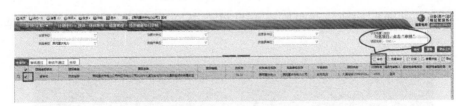

图 7-122　专家审核

步骤3 省公司专责规范性审核无意见，单击"保存"，见图 7-123。

图 7-123　省公司专责规范性审核

步骤4 ▶ 省公司专责专业性审核无意见，单击"保存"，见图 7-124。

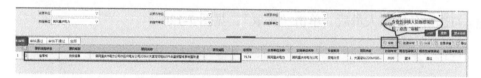

图 7-124　省公司专责专业性审核

步骤5 ▶ 省公司财务人员审核无意见，单击"保存"，见图 7-125。

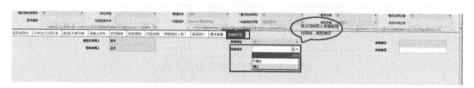

图 7-125　省公司财务人员审核

步骤6 ▶ 此时，该项目在省公司的流程已走完。可以进行项目上报总部。

7.4.2　技改一体化—技改年度计划调整

7.4.2.1　年度计划调增

步骤1 ▶ 年度计划项目的编制人登录 PMS2.0，并打开"技改年度计划调整"菜单，见图 7-126。

图 7-126　打开"技改年度计划调整"菜单

步骤2 ▶ 单击"新增计划建议项目"选取已批复的储备项目作为年度计划调增项目，见图
7-127。

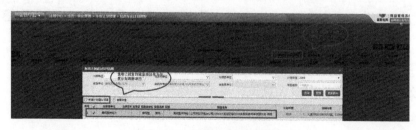

图 7-127　新增计划建议项目

步骤3 补充填写调整原因和调整类型，并且可以修改其他信息以及附件信息（只有项目名称、专业类别、计划年度不能修改），见图 7-128。

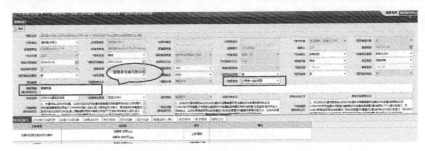

图 7-128 补充填写调整原因和调整类型

步骤4 如果想撤销之前的选择，可单击"还原项目"，即恢复为储备项目，见图 7-129。

图 7-129 还原项目

步骤5 修改后的年度计划，单击"上报"，开启审核流程，见图 7-130。

图 7-130 开启审核流程

7.4.2.2 技改一体化—技改年度计划调整分派—地市环节

步骤1 地市计划专责登录 PMS2.0，并打开"技改年度计划调整分派"菜单。详情见图 7-131。

图 7-131 打开"技改年度计划调整分派"菜单

步骤2 进入"技改年度计划调整分派"菜单后，此时在"未分派"页签可以查看编制人上报的未分派项目明细。此时选择某一项目点击"分派"。详情见图 7-132。

图 7-132 点击"分派"

步骤3 ▶ 规范性审核：分派给对应的审核人员进行审核。详情见图 7-133。

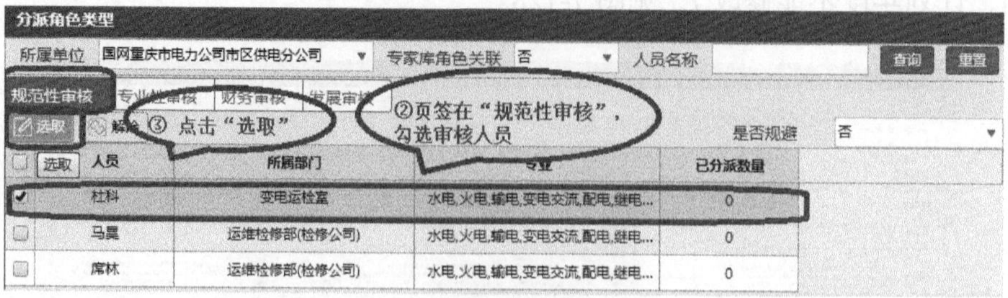

图 7-133 规范性审核

步骤4 ▶ 专业性审核：分派给对应的审核人员进行审核。详情见图 7-134。

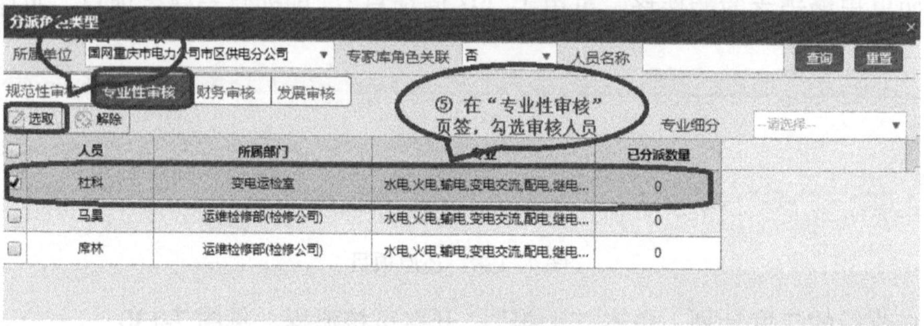

图 7-134 专业性审核

步骤5 ▶ 财务审核：分派给对应的审核人员进行审核。

如果在流程中需要跨单位选择审核人员，在"所属单位"和"专家库角色关联"两个选项进行如下的选择：详情见图 7-135。

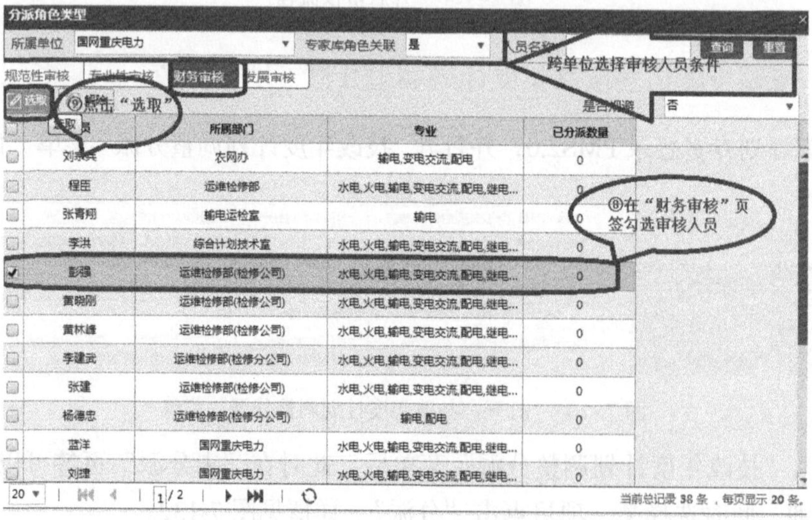

图 7-135 选择审核人员

此时表示规范性审核、专业性审核、财务审核这三个最基本的审核人员已分派。详情见图 7-136。

图 7-136　审核人员已分派

现在的项目已进行分派，项目在页签"审核中"显示，并显示的对应的审核人名称，详情见图 7-137。

图 7-137　项目已进行分派

若发现之前分派的人员分派错误，可以解除之前的分派后，重新分派，详情见图 7-138、图 7-139。

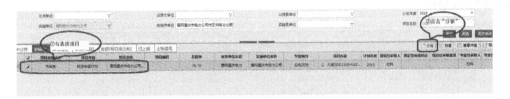

图 7-138　重新分派步骤（一）

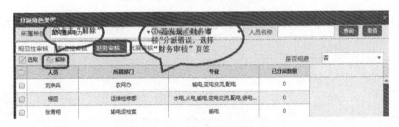

图 7-139　重新分派步骤（二）

然后在同一页签，重新分派，详情见图 7-140、图 7-141。

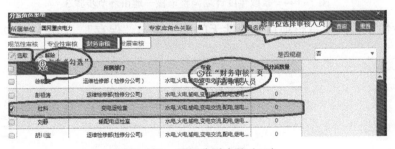

图 7-140　重新分派步骤（三）

图 7-141　重新分派步骤（四）

7.4.2.3　技改一体化—技改年度计划调整审核—地市环节

步骤 1 拥有权限的审核人员登录 PMS2.0 系统，进入"技改年度计划调整审核"菜单，详情见图 7-142。

图 7-142　技改年度计划调整审核—地市环节步骤 1

步骤 2 审核人账号打开"技改年度计划调整审核"菜单后，选择项目，点击审核进行项目审核，详情见图 7-143。

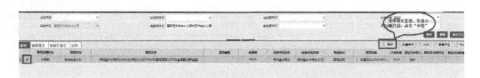

图 7-143　技改年度计划调整审核—地市环节步骤 2

步骤 3 规范性审核人员审核项目规范性无问题，点击"保存"，详情见图 7-144。

图 7-144　技改年度计划调整审核—地市环节步骤 3

步骤 4 专业性审核人员审核项目专业性无问题，点击"保存"，详情见图 7-145。

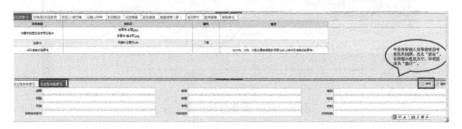

图 7-145　技改年度计划调整审核—地市环节步骤 4

步骤5 财务审核人员审核项目财务无问题，点击"保存"，详情见图7-146。

图7-146　技改年度计划调整审核—地市环节步骤5（一）

此时，该项目在"技改年度计划调整分派"的"审核通过"页签展示，并且可以进行下一步操作，详情见图7-147、图7-148。

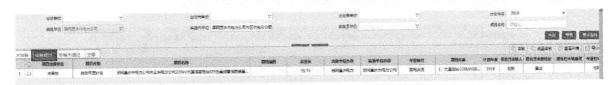

图7-147　技改年度计划调整审核—地市环节步骤5（二）

图7-148　技改年度计划调整审核—地市环节步骤5（三）

此时，项目流程状态为"省审核"。

7.4.2.4　技改一体化—技改年度计划调整分派—省公司环节

步骤1 切换到"技改年度计划调整分派"菜单，将编制人上报的年度计划项目分派给地市专家审核，详情见图7-149。

图7-149　技改年度计划调整分派—省公司环节步骤1

步骤2 勾选带分派的项目，点击"分派"，详情见图7-150。

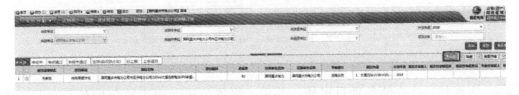

图7-150　技改年度计划调整分派—省公司环节步骤2

步骤3 勾选规范性审核人员后，点击"选取"，详情见图7-151。

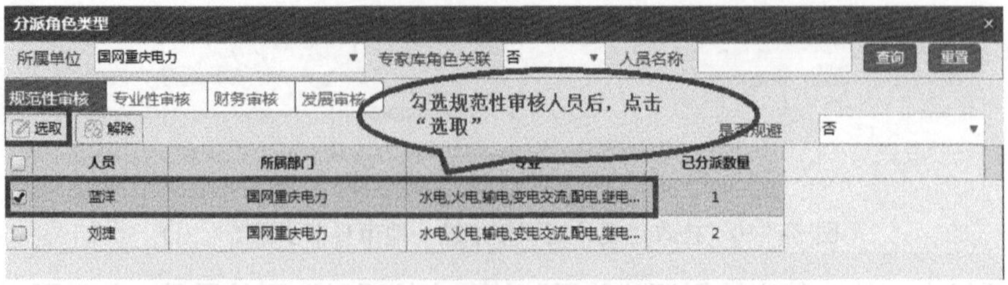

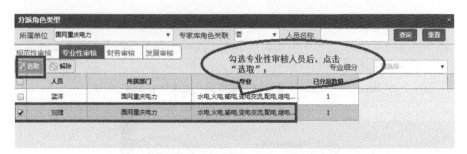

图7-151 技改年度计划调整分派—省公司环节步骤3

步骤4 勾选专业性审核人员后，点击"选取"，详情见图7-152。

图7-152 技改年度计划调整分派—省公司环节步骤4

步骤5 勾选财务审核人员后，点击"选取"，详情见图7-153。

图7-153 技改年度计划调整分派—省公司环节步骤5

步骤6 此时，该项目在"技改年度计划调整分派"的"审核中"页签可以查看。

7.4.2.5 技改一体化—技改年度计划调整审核—省公司环节

步骤1 省公司审核人员登录PMS2.0系统，进入"技改年度计划调整审核"菜单，详情见图7-154。

预安排管理	技改预安排计划编制	技改预安排计划分派	技改预安排计划审核
年度计划管理	技改年度计划编制	技改年度计划分派	技改年度计划审核	技改年度计划调整
	技改年度计划调整分派	技改年度计划调整审核	技改年度计划调整查询统计
项目查询统计	技改项目查询统计	技改项目已批复管理	技改项目备份查询统计
档案管理	技改文件库管理	技改档案归档管理
项目实施管理	技改项目实施进度	技改项目里程碑编制	技改项目里程碑审核	技改项目里程碑调整

图7-154 技改年度计划调整审核—省公司环节步骤1

步骤2 切换到"技改储备项目审核"菜单，将省公司专责审核年度计划项目，详情见图7-155。

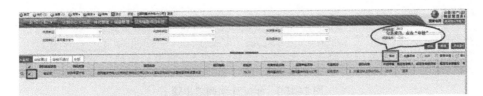

图 7-155　技改年度计划调整审核—省公司环节步骤 2

步骤 3▸ 省公司专责规范性审核无意见，点击"保存"，详情见图 7-156。

图 7-156　技改年度计划调整审核—省公司环节步骤 3

步骤 4▸ 省公司专责专业性审核无意见，点击"保存"，详情见图 7-157。

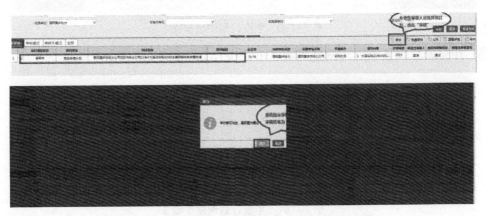

图 7-157　技改年度计划调整审核—省公司环节步骤 4

步骤 5▸ 省公司财务人员审核无意见，点击"保存"，详情见图 7-158。

图 7-158　技改年度计划调整审核—省公司环节步骤 5

步骤 6▸ 此时，该项目在省公司的流程已走完。可以进行项目上报总部。

7.4.2.6　年度计划调减

步骤 1▸ 年度计划项目的编制人登录 PMS2.0，并打开"技改年度计划调整"菜单，详情见图 7-159。

图 7-159　年度计划调减步骤 1

步骤 2 ▸ 点击"调减"选取正在实施的年度计划项目作为年度计划调减的项目，详情见图 7-160。

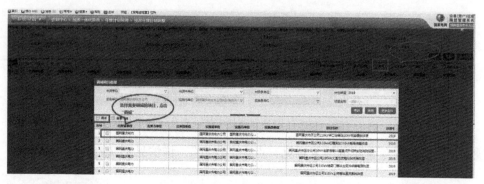

图 7-160　年度计划调减步骤 2

步骤 3 ▸ 补充填写调整原因和调整类型点击"保存"，详情见图 7-161。

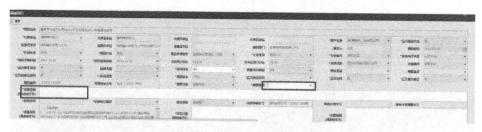

图 7-161　年度计划调减步骤 3

注：调减的项目流程请参考年度计划调增项目的流程。

7.4.2.7　年度计划—原计划调整

步骤 1 ▸ 年度计划项目的编制人登录 PMS2.0，并打开"技改年度计划调整"菜单，详情见图 7-162。

图 7-162　年度计划—原计划调整步骤 1

步骤 2 ▸ 点击"原计划调整"选取正在实施的年度计划项目作为年度计划原计划调整的项目，详情见图 7-163。

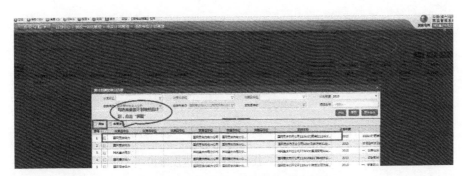

图 7-163　年度计划—原计划调整步骤 2

步骤 3 ▶ 修改项目信息，并补充填写调整原因和调整类型点击"保存"，详情见图 7-164。

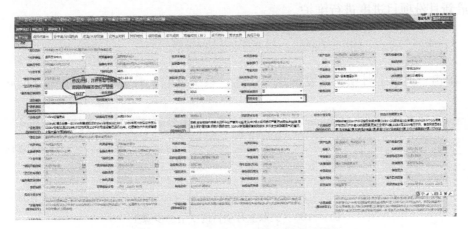

图 7-164　年度计划—原计划调整步骤 3

注：原计划调整的项目流程请参考年度计划调增项目的流程。

7.5　技改项目实施进度管理操作流程

项目实施进度维护业务场景说明：技改大修一体化管理分为技改一体化管理和大修一体化管理，技改一体化管理是将技改项目新建、储备、专项、预安排、年度计划原来五库合一，进行精益化管理，对现有电网生产设备、设施及相关辅助设施等资产进行更新、完善和配套，以提高其安全性、可靠性、经济性和满足智能化、节能、环保等要求。生产技术改造投资形成固定资产，是企业的一种资本性支出。生产设备大修是指为恢复现有资产（包括设备、设施以及辅助设施等）原有形态和能力，按项目制管理所进行的修理性工作。大修一体化管理不增加固定资产原值，是企业的一种成本性支出。

当年实施的年度计划，各单位需要在每月 25 号之前维护项目的实施进度，是否提交附件，是否在 ERP 系统进行订单维护等操作。然后在 PMS2.0 实施进度菜单汇总维护该项目的最终形象进度和资金进度。其中涉及档案归档、文件库管理、ERP 同步形象进度等操作。

技改一体化—技改项目实施进度维护步骤如下：

步骤 1 ▶ 地市单位有技改大修一体化权限的人员登录 PMS2.0。

步骤 2 ▶ 进入"技改项目实施进度"菜单，见图 7-165。

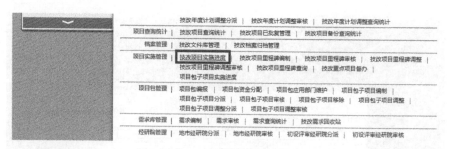

图 7-165　技改项目实施进度维护

注：每个月的项目进度维护信息将不再自动生成，最新月份的形象进度记录将为空，各单位月初需选择形象月份为最新月份后单击"提取上月项目进度信息"按钮，系统提取上月进度信息至当月，才能对最新月份项目进度进行维护。

7.5.1.1　维护节点时间：提取上月项目进度信息

步骤 1 单击"提取上月项目进度信息"按钮，系统提取上月进度信息至当月，见图 7-166。

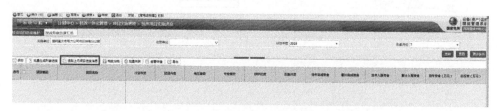

图 7-166　提取上月项目进度信息步骤 1

步骤 2 再单击"继续"，系统提取上月进度信息至当月。如果之前已经提取过上月数据并进行维护之后，再次单击"提取上月项目进度信息"按钮，系统不会覆盖之前的项目进度信息，见图 7-167。

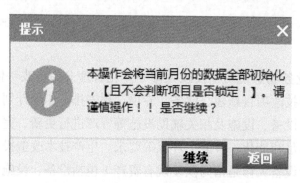

图 7-167　提取上月项目进度信息步骤 2

并提示生成数据成功。

步骤 3 系统提示成功后，可以看到已经编辑里程碑计划的年度计划项目进度的数据并可以进行维护。

注：针对该环节，技改大修项目进度现有节点 13 个，包含计划下达、项目创建、物资 / 服务需求提报、物资到货、设计合同签订、施工 / 服务合同签订、监理合同签订、初设审批、现场开工、竣工投运、竣工结算、项目关闭、资料归档；节点时间维护方式主要分为 5 类，包括系统自动生成、手动录入时间、上传附件生成时间、调用 ERP 接口生成时间、关联附件生成时间。

1. 系统自动生成

计划下达、项目创建：该节点时间为系统自动生成，各单位无需维护。

2. 手动录入时间

物资/服务需求提报、资料归档：该节点时间为用户系统前台手动录入，录入的时间不能大于当前时间且不能小于当前时间前 30 天，见表 7-1。

表 7-1 项目进度规则

项目进度时间节点	对应的形象进度名称	项目进度规则
物资/服务需求提报	招标采购	不得小于项目创建时间
资料归档		不得小于结算编报时间

步骤 4 ▶ 假设现在该项目进行了"物资服务需求提报"，需要维护"物资服务需求提报"节点的实际时间并点击"保存"。更新形象进度和 ERP 进度，以及完成资金和入账资金值，见图 7-168。

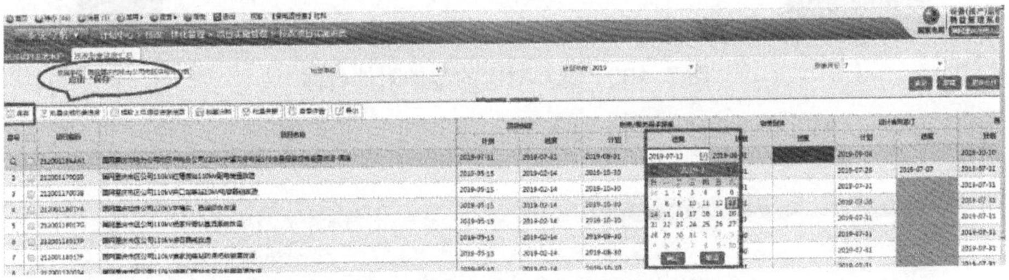

图 7-168 提取上月项目进度信息步骤 4

7.5.1.2 维护节点时间：档案归档

步骤 5 ▶ 假设现在该项目进行了以表 7-2 中的任何一项节点的工作，需要维护该节点对应的档案类型。

表 7-2 项目进度

项目进度时间节点	对应的档案类型	对应的形象进度名称	文件上传方式	项目进度规则
设计合同签订	设计合同及中标通知书		上传	
施工/服务合同签订	施工合同及中标通知书	签订合同	上传	
监理合同签订	监理合同及中标通知书		上传	
现场开工	开工报告	施工	上传	不得小于施工合同签订时间和项目创建时间。不得小于初设审批时间
竣工投运	竣工验收报告	投运	上传	
竣工结算	项目竣工结算报告	结算	上传	不得小于竣工投运时间。不能超过投运后 45 天

上传附件生成时间设计合同签订、施工/服务合同签订、监理合同签订、初设审批、现场开工、竣工投运、竣工结算：该节点时间需用户上传对应的附件，附件上传后，系统会将节点时间更

新为当前时间，用户可手动更改时间，选择的时间不能大于当前时间且不能小于当前时间之前30天，完成后保存。

步骤6▸ 选中项目，单击"档案归档"。

步骤7▸ 根据需要维护的节点名称，选择对应维护的附件名称，单击"上传"，再单击"添加附件"，见图7-169。

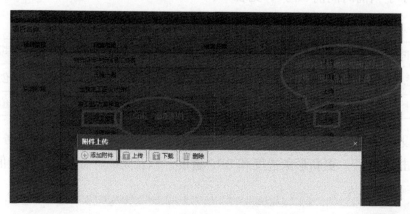

图7-169　选择对应的维护附件名称

步骤8▸ 选中文件，单击"打开"，见图7-170。

图7-170　开工报告

步骤9▸ 选中文件，单击"上传"，见图7-171。

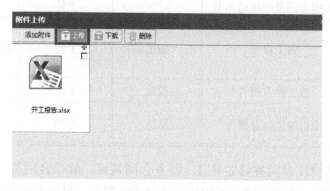

图7-171　上传

注：（1）可以看到该项目的开工报告已上传。

（2）可以对刚上传的附件时间进行修改，但是修改的时间不能小于当前时间之前的 30 天，见图 7-172。

图 7-172 修改时间

并且，更新形象进度和 ERP 进度，以及完成资金和入账资金值。

7.5.1.3 维护节点时间：技改文件库管理

步骤 10 ▶ 假设现在该项目进行了初步设计批复的工作，需要进行如下操作。

关联附件生成时间初设审批：该节点时间需用户关联对应的附件，附件需要在"技改文件库管理"菜单上传后，然后在进度维护页面单击"档案归档"管理已上传的附件后，系统会将节点时间更新为当前时间，用户可手动更改时间，选择的时间不能大于当前时间且不能小于当前时间之前30 天，完成后保存，见表 7-3。

表 7-3 关联附件生成时间初设审批

项目进度时间节点	对应的档案类型	对应的形象进度名称	文件上传方式	项目进度规则
初设审批时间	初步设计批复		关联	不得小于设计合同签订时间和项目创建时间

打开"技改文件库管理"菜单，见图 7-173。

图 7-173 "技改文件库管理"菜单

单击"新建"，并选择"初步设计批复"文件类型，见图 7-174。

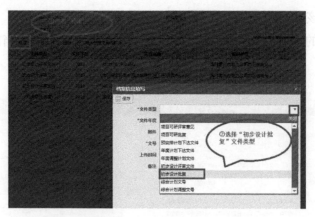

图 7-174 选择"初步设计批复"文件类型

进行文件上传的操作，见图 7-175、图 7-176。

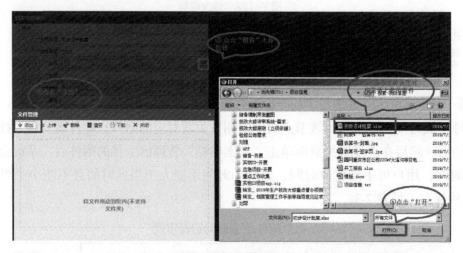

图 7-175 上传流程

图 7-176 上传

对上传的文件类型附件进行保存，见图 7-177。

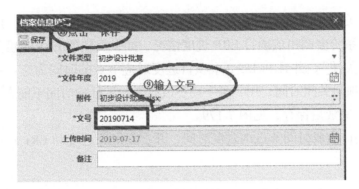

图 7-177　保存

再回到"技改项目实施进度"页面，选择该项目，单击"档案归档"，见图 7-178。

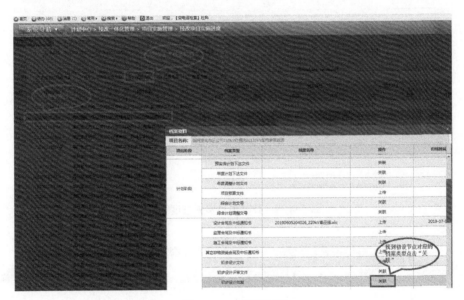

图 7-178　档案归档

（1）选中附件，单击"确定"。

（2）可以看到该项目的初设审批节点的进度时间已经维护了。由于初设审批不涉及形象进度，所以形象进度和完成资金以及入账资金不会改变。

7.5.1.4　维护节点时间：批量生成形象进度

步骤 11 ▶ 假设现在该项目进行了表 7-4 中的任何一项节点的工作，单击"批量生成形象进度"按钮，调用 ERP 接口生成时间节点的进度时间（生成的时间为单击"批量生成形象进度"按钮的时间）。

表 7-4　　　　　　　　　　　　　　　　项目进度时间节点

项目进度时间节点	对应的形象进度名称	项目进度规则
物资到货时间	到货	
项目关闭时间	关闭	不超过结算后 60d

物资到货、项目关闭：该节点时间维护需调用 ERP 系统项目进度生成，用户勾选项目→点击批量生成形象进度→系统会调用该项目 ERP 进度情况，如果反馈的 ERP 进度为"物资到货"或者项目状态为"项目已关闭"，并且 PMS2.0 中项目进度对应节点的时间为空，系统将默认更新当前时间为物资到货或者项目关闭时间，用户可手动更改时间，选择的时间不能大于当前时间且不能小于当前时间前 30 天，完成后保存，见图 7-179。

注：调用 ERP 接口生成时间节点的进度时间，并更新形象进度和 ERP 进度，以及完成资金和入账资金值。

图 7-179　技改项目实施进度维护

7.6　技改重点项目督办管理操作手册

重点督办项目业务场景说明：技改大修一体化管理分为技改一体化管理和大修一体化管理，技改一体化管理是将技改项目新建、储备、专项、预安排、年度计划原来五库合一，进行精益化管理，对现有电网生产设备、设施及相关辅助设施等资产进行更新、完善和配套，以提高其安全性、可靠性、经济性和满足智能化、节能、环保等要求。生产技术改造投资形成固定资产，是企业的一种资本性支出。生产设备大修是指为恢复现有资产（包括设备、设施以及辅助设施等）原有形态和能力，按项目制管理所进行的修理性工作。大修一体化管理不增加固定资产原值，是企业的一种成本性支出。

重点督办项目是国家电网有限公司总部从当年的年度计划中选一部分重点项目进行督办，需要地市单位每个月反馈项目的实施情况，以及遇到的问题等。以便国家电网有限公司总部定期了解重点项目的实施情况。同时，省公司专责也可以进行省公司督办项目的下发进行督办项目跟踪。

7.6.1　待办

步骤 1 ▶ 地市单位维护督办项目的人员登录 PMS2.0。

步骤 2 ▶ 进入"技改重点项目督办"，见图 7-180。

图 7-180　重督办项目

步骤 3▶ 选中项目，单击"督办事项反馈"，见图 7-181。

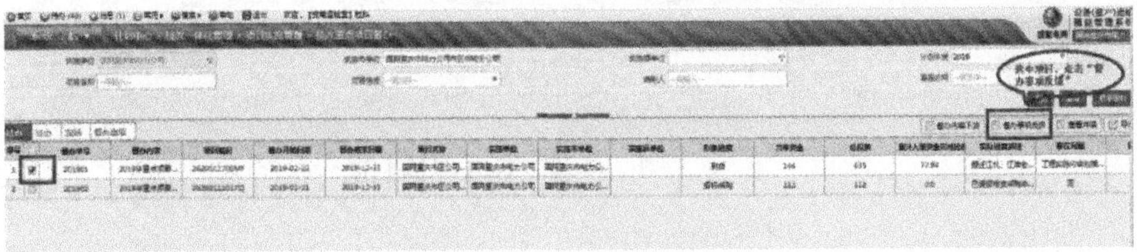

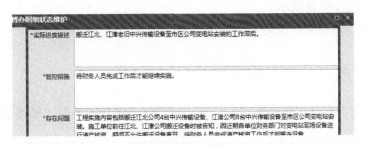

图 7-181　督办事项反馈

步骤 4▶ 单击"新增"，见图 7-182。

图 7-182　新增

步骤 5▶ 填写督办明细状态维护页面，是否督办完结填写"否"，并填写督办反馈人后单击"保存"，见图 7-183。

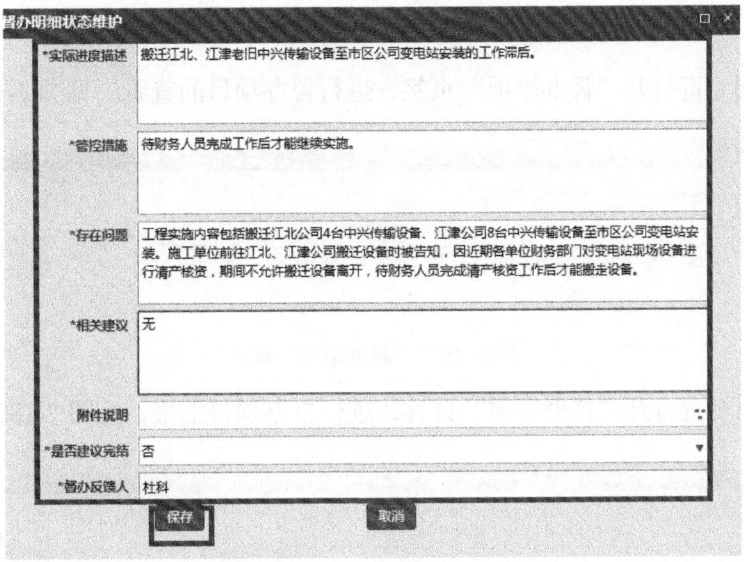

图 7-183　填写督办明细状态

步骤 6▶ 新增的这条数据见图 7-184。

图 7-184 新增的数据

步骤7 选中该督办项目，单击"督办项目上报"，再单击"确认"，见图 7-185。

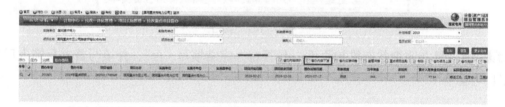

图 7-185 督办项目上报

7.6.2 经办

原本由国家电网有限公司总部下发的督办项目暂时在待办页面。如果在待办页面查看过某项目之后，改项目就会在经办页签展示。

经办页签进行督办事项反馈也是同样的操作方法。

7.6.3 督办事项

步骤1 省公司专责打开"督办事项"页签，进行督办项目的下发，见图 7-186。

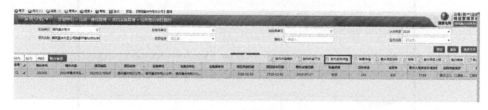

图 7-186 督办项目

步骤2 省公司专责打开"督办事项"页签，进行督办项目的查看，见图 7-187。

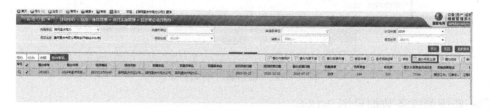

图 7-187 "督办事项"页签

步骤3 省公司专责打开"督办事项"页签，进行督办项目上报，见图 7-188。

图 7-188 督办项目上报

7.6.4 重点督办项目选取

步骤1 省公司专责打开"督办事项"页签，进行省公司重点督办项目选取，单击"重点项目选取"，见图 7-189。

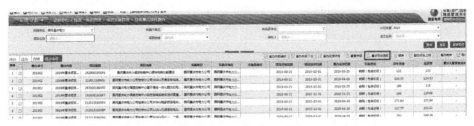

图 7-189 重点项目选取

步骤2 选择需要进行督办的项目，单击"选取"，见图 7-190。

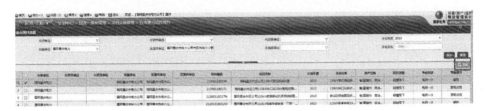

图 7-190 选取流程

步骤3 选中新增的督办项目，单击"督办内容维护"，并维护督办单号等内容，单击"保存"。这样就可以下发到地市，进行每个月的督办反馈维护，见图 7-191、图 7-192。

14		201901	2019年重点项目…	26202717015	国网重庆调度公司彭水分公司道调信防等站点OTN大会…	国网重庆市电力公司	国网重庆
15		201901	2019年重点项目…	21200517002F	国网重庆江北公司110kV恩滨一线等电缆隧道监控改造	国网重庆市电力公司	国网重庆
16		201901	2019年重点项目…	2620001701WK	国网重庆公司重庆市调调控云建设	国网重庆市电力公司	国网重庆
17		201901	2019年重点项目…	26200017016F	国网重庆公司重庆市调市场化条件下的电能计划策略…	国网重庆市电力公司	国网重庆市

图 7-191 督办项目

图 7-192 督办内容维护